机械工程
基础实验教程

主 编 宋鹍 杨 涛 王 伟

U0240196

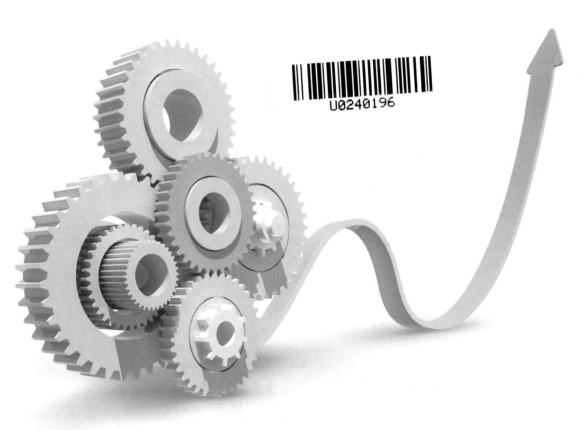

重庆大学出版社

内容提要

全书以"机械工业产品设计开发基本程序"为主线,按照"设计—制造—测控"的流程来组织实验项目,力求展现机械产品开发的全貌,拓展学生工程视野。各实验项目包含实验目标、实验设备、实验内容、实验原理、实验步骤、思考题等,目标明确,概念清晰,内容简洁明了,既强调实验与理论知识的联系,更重视学生对实验技术、方法、手段的掌握,使学生养成综合化的工程思维习惯。

本书可作为高等院校机械类和近机类专业的机械工程基础实验教材,也可共其他专业的师生和工程技术人员参考,部分内容还可作为机械创新设计竞赛的参考资料。

图书在版编目(CIP)数据

机械工程基础实验教程 / 宋鹍,杨涛,王伟主编
. -- 重庆:重庆大学出版社,2020.9
新工科系列. 机械工程类教材
ISBN 978-7-5689-1763-6

Ⅰ. ①机… Ⅱ. ①宋… ②杨… ③王… Ⅲ. ①机械工
程—实验—高等学校—教材 Ⅳ. ①TH-33

中国版本图书馆 CIP 数据核字(2019)第 181948 号

机械工程基础实验教程

主编 宋 鹍 杨 涛 王 伟
策划编辑:范 琪

责任编辑:李定群　　版式设计:范 琪
责任校对:谢 芳　　责任印制:张 策

*

重庆大学出版社出版发行
出版人:饶帮华
社址:重庆市沙坪坝区大学城西路 21 号
邮编:401331
电话:(023)88617190　88617185(中小学)
传真:(023)88617186　88617166
网址:http://www.cqup.com.cn
邮箱:fxk@cqup.com.cn(营销中心)
全国新华书店经销
重庆华林天美印务有限公司印刷

*

开本:787mm×1092mm　1/16　印张:13.75　字数:346 千
2020 年 9 月第 1 版　　2020年9月第 1 次印刷
ISBN 978-7-5689-1763-6　定价:38.00 元

前言

　　我国自 2005 年起开始工程教育认证体系建设,逐步在工程类专业开展认证工作,并将实现国际互认作为重要目标。经过 10 年的建设,2016 年 6 月正式加入《华盛顿协议》,至此,在国家层面完成了传统的"内容驱动、重视投入"的教育理念和模式向"以学生为中心、以产出为导向和持续改进"的转变。重庆理工大学机械工程实验教学中心是重庆市级实验教学示范中心,近年来,在机械类专业工程教育认证工作的推动下,中心秉承学校办学指导思想和"产学研结合"的历史传统,根据产业对人才的"知识-能力-素养"需求,以培养学生工程实践能力和创新精神为核心,形成了"以行业需求为引领,以'机械工业产品设计开发全流程'实验教学体系为支撑,以项目为载体,行动为导向,以培养实际工程能力为目标"的实验教学理念,明确了"实验教学是基础理论、新技术应用和创新能力培养的重要环节,实验教学与理论教学密切结合才能培养高素质应用创新型人才"的实验教学定位。

　　"机械工程基础实验"是中心面向机械类和近机类多个本科专业开设的必修课程,实行独立授课模式。在工程教育认证工作的引领下,中心对课程实验教学体系、教学内容、教学模式以及教学方法与手段进行了一系列的改革,目的是使学生能针对机械类相关专业领域既定的实验任务,在科学理论的指导下,综合运用多学科知识与恰当的实验技术或方法手段,选用合适的仪器设备,构建可行的实验技术路线,获取可靠的实验数据或实验现象,并能对其进行科学的分析、处理和解释。通过"分析问题—解决问题"这一流程的训练,使学生形成一定的工程实践能力,培养其积极严谨的工作态度、实事求是的工作作风、综合化的工程思维方式、良好的团队协作能力,并启发其创新意识。《机械工程基础实验教程》正是在对课程进行不断地探索、研究和实践的基础上通过认真总结、不断完善而编写的。

本书具有以下特点：

1. 基于成果导向教育（Outcome Based Education，OBE）教育理念，对实验目的进行了全新的梳理与细化。本书实验目的分为两个部分：一是知识目标，强调实验项目与理论知识点的对应关系，明确实验项目的理论背景；二是技能目标，明确通过本实验学生应该掌握的能力，如学会仪器设备或工具的操作，掌握某种实验技术或测试手段，掌握某种数据分析与处理方法，以及能根据实验现象结合分析计算得到正确的结论等。通过对实验目的的分类与细化，明确学生通过该实验的学习应达到的程度，并为定量评价教学效果奠定基础。

2. 强调"回归工程、培养大工程观"的工程教育理念。按照"机械工业产品设计开发基本程序"的行业标准组织实验内容，明确各实验项目所涉及的理论知识点和实验技术、方法、手段在典型机械产品研发过程中所处的环节和发挥的作用，弥补传统课程体系中由实验附属于理论课程而造成的割裂，拓展学生工程视野，有效培养学生的"大工程观"。

3. 强调"实事求是"。在培养学生"解决复杂工程问题"能力的过程中遵循客观认知规律，根据学生的基础，合理设置基础型、设计型、综合型、创新型实验项目的比例，各章节的实验项目安排从基础型过渡到综合型、创新型，在培养学生分析能力时，从基础型实验的简单分析，过渡到创新型实验的综合分析，循序渐进培养学生的工程实践能力和创新意识。

4. 强调与理论课程协同培养学生的专业能力与素质。在知识目标上，明确本实验用到的相关理论知识点，重视引导学生在科学理论的指导下，综合运用多学科知识与恰当的实验技术或方法手段，选用合适的仪器设备，构建可行的实验技术路线，获取可靠的实验数据或实验现象，并能对其进行科学的分析、处理和解释。培养学生综合运用理论知识和实验技术解决工程问题的思维习惯，具备初步的综合能力。

全书由宋鹍、杨涛、王伟任主编。参加本书编写的还有刘立堃、朱岗、高元林、张君、钟莉蓉、李恭琼几位老师。

本书获得"重庆理工大学教材建设基金资助"。由丁军教授担任主审，并对本书体系的构成与编写给予了悉心的指导。同时，本书的编写也得到了学院邹霞书记的关心与支持，在此表示诚挚的谢意。此外，本书的编写参考了很多相关教材、著作、标准和网络资源，也向相关专业师生进行了咨询和调研，在此谨向所有同事、专家、学者、参考文献的编著者以及同学们表示衷心的感谢！同时也感谢出版社编辑们的辛勤付出！

本书的编著是重庆理工大学机械工程学院实验教学中心所有老师集体智慧的结晶,能力所限,难免存在不妥之处,恳请读者予以批评指正。

编　者
2020 年 6 月

3

目录

1

第 1 章
绪 论

1.1 "机械工程基础实验"课程的重要性、性质与任务

1.1.1 "机械工程基础实验"课程的重要性

实验一般是指科学实验,即自然科学实验。实验是根据一定的目的或要求,运用必要的手段和方法,在人为控制的条件下,模拟自然现象来进行研究、分析,从而认识各种事物的本质和规律的方法。它是将各种新思想、新设想、新信息转化为新技术、新产品的必要环节。回顾机械的发展历史,人类从使用的原始工具发展到今天的汽车、飞机、智能机器人等现代机械,都经过艰辛的科学实验。随着科学技术的发展,科学实验的范围和深度不断拓展和深入,科学实验具有越来越重要的作用,已成为自然科学理论发展的基础。

机械制造业是我国国民经济的支柱产业之一。随着科学技术的发展和市场经济体制的建立,现代机械产业对机械类专业人才提出了更高的要求。因此,高等学校工科类学生,尤其是机械类专业的学生,应具有较高的实践能力、综合设计能力以及创新能力。实验教学正是培养学生具备这些能力的极好的教学环节。"机械工程基础实验"课程是高校工科专业实验教学中的重要组成部分。它不仅是学生获得知识的重要途径,而且对培养学生的自学能力、工作态度、工程实践能力、科研能力和创新能力具有十分重要的作用。

1.1.2 "机械工程基础实验"课程的理念与任务

"机械工程基础实验"是一门旨在培养机械类学生具有初步的实验设计能力、基本参数测定与相关测试仪器操作能力和实验分析能力的技术基础课程。它是机械基础系列课程教学中重要的实践性教学环节之一,是深化感性认识、理解抽象概念、应用基础理论的主要方法。

长期以来,在高等工程教育中偏重基础理论体系的改革,而忽视了对学生将工程基础理论知识应用于工程实际的能力,忽视了对学生实验基本技能的培养,忽视了团队协作解决工程问题意识的培养,使许多工科毕业生不具备简单的、具有一定精度的工程实验的能力,特别是随着计算机与信息技术的高速发展,学生对实际动手操作和工程实验渐渐失去兴趣,而热衷于对

各种 CAD,CAE,CAM 等工具软件的学习,他们并不清楚实验设计方法和实验基本技能才是进行科学研究的基础,因而他们学习知识是本末倒置的。

本课程的主要任务就是基于 OBE 先进的教育理念,按照"反向设计,正向施工"的思路,以培养目标和毕业要求为出发点,设计科学合理的培养方案和实验大纲,采用匹配的教学内容和教学方法,对学生是否达成要求进行合理考核,同时进行相应的持续改进,以期学生获得以下能力:

①具有从事工程工作所需的相关数学、自然科学知识,并能将其用于分析工程问题的能力。

②掌握工程基础理论知识,并能将其应用于工程问题的能力。

③具有测试、计算和基本工艺操作等基本技能。

④具有在团队中发挥作用的能力。

1.2 "机械工程基础实验"课程的主要内容

长期以来,由于受传统观念的束缚和影响,在高校教育过程中存在着程度不同的重理论轻实践的现象,把实验教学仅仅看成理论教学的辅助手段,狭隘地把实验教学局限于验证某些理论,从而造成实验课从属于理论课教学,各理论课程的实验自成一体为本课程的理论验证服务的实验教学格局。在这样的实验教学格局下,学生难以综合应用所学知识和技能完成设计目标,结果就是培养出的学生工程实践能力、分析能力以及创新能力不足。

"机械工程基础实验"课程打破每门理论课程"各自为政"的界限,以自身系统为主线,设置实验项目,强调设计性、综合性、创新性,强调实验内容与过程的自主性,改变实验指导方法,强调以学生为中心。

"机械工程基础实验"课程成绩单独考核和计分,考核时要贯穿整个实验过程。

本教程按照上述的指导思想,以机械产品在开发过程的不同阶段,按设计、分析、制造、测控的流程来安排实验内容,如图 1.1 所示。

本教程第 2 章为机构原理与机构设计等实验,第 3 章为材料力学性能与强度测试等实验,第 4 章为机械结构与性能测试等实验,第 5 章为机械零件精度与测量等实验,第 6 章为机械制造技术基础等实验,第 7 章为机械静态测试基础等实验,第 8 章为机械动态测试基础等实验。各章的实验项目在保留必要的验证性实验的基础上增加了综合型、设计型实验的比例,综合设计型实验要求学生能综合应用多门理论课程的知识(如机械原理、机械设计、传感技术、数据采集、计算机检测与控制、数据分析等)以及各种实验仪器设备、检测与分析手段来完成预定实验目标。本教程在有的章节还安排了创新设计型实验项目,如机构创新设计,鼓励学生打破思维定式,充分发挥想象力设计并实现实验方案,培养其创新意识,提高其创新能力。

本教程各实验项目之间具有相对独立性,均由实验目标、实验内容、实验仪器、相关理论知识、仪器设备操作及原理、实验步骤、注意事项等部分有机组成,便于不同学校、不同层次要求的学生根据具体实际情况使用。

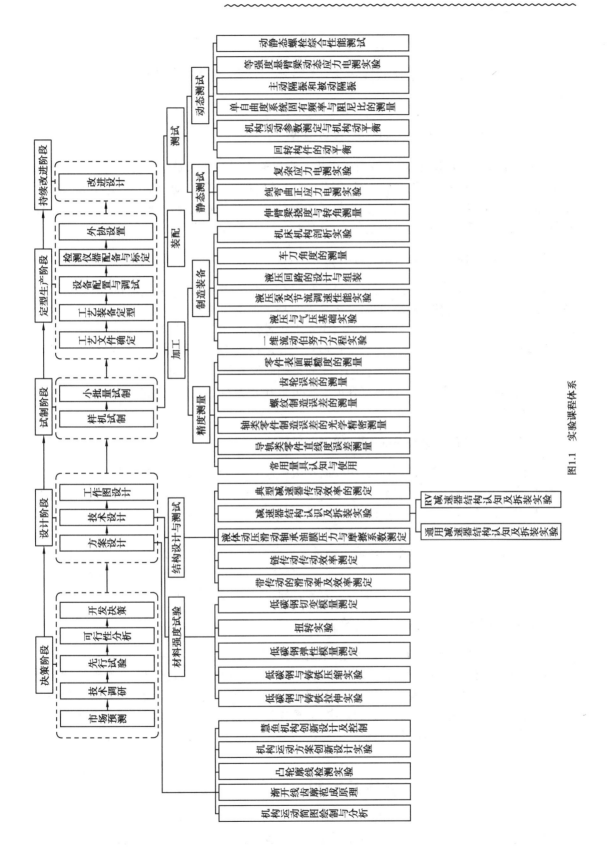

图 1.1 实验课程体系

1.3 "机械工程基础实验"课程的学习方法

1.3.1 重视实际动手能力的培养,注重细节

"机械工程基础实验"课程是一门以学生实际操作为主的技术基础课程。在具体的实验过程中,需要使用多种仪器设备和工具,因此,要求学生具有较强的动手能力。培养自己的动手能力不仅仅是学会操作使用各种仪器设备和工具,还要培养自己小心谨慎的工作作风,要注重细节,搞清楚各种工具的使用规范和注意事项。

1.3.2 要善于思考、总结,培养分析能力

许多学生在做实验的过程中,往往是按照实验步骤机械模仿,对实验过程和实验结果很少进行分析和思考,尤其对验证性实验,认为其无非是对理论的检验,没有什么值得思考的。这种做法使学生在做完实验后只是验证了某个定理或者公式,并不能得到任何实用性结论,失去了做实验的意义。学习本门课程应有意识地对实验过程和实验结果进行思考,为什么实验要安排这一个步骤? 去掉这个步骤可行吗? 实验得到的数据和理论是完全一致的吗? 什么原因导致了误差甚至实验的失败? 通过这样的思考可很好地培养自己的分析能力,得到实用性结论,提高自身的工程实践能力。

1.3.3 注意理论知识的综合应用,培养创新精神

习近平同志曾在欧美同学会成立 100 周年庆祝大会上的讲话强调,创新是一个民族进步的灵魂,是一个国家兴旺发达的不竭动力,也是中华民族最深沉的民族禀赋。在激烈的国际竞争中,唯创新者进,唯创新者强,唯创新者胜。"机械工程基础实验"课程作为一门技术基础课涉及多门理论课程的知识,特别是一些较复杂的综合设计型实验更是对多门学科知识的有机结合的应用,因而成为培养学生创新能力的重要平台。在学习本门课程的过程中,在重视动手能力的同时,也要注意夯实自己的理论基础,将多门学科的知识有机结合,在理论指导下综合利用各种实验设备和仪器设计出新的实验方案,提高自身的创新能力。

1.3.4 注重团队分工协作意识的培养

"机械工程基础实验"课程是一门实践性很强的课程,它与工程实践密切相关,特别是面对一些较复杂的综合设计型和创新型实验项目时,一定要注意培养自己的团队协作精神。须知,个人的能力和精力是有限的,在规定的时间内完成一个较复杂的综合设计型实验往往需要多人的协作,各行其是常常降低实验的效率,甚至导致实验的失败。因此,要懂得如何合理分工,团队协作,齐心协力完成实验目标。

1.4 "机械工程基础实验"课程的要求

"机械工程基础实验"是机械工程系列课程的一部分,是整个教学体系中的重要教学内容

之一。要求学生通过本课程的学习与实践,能达到以下4点要求:

①了解机械工程实验常用的实验装置和仪器设备的工作原理,掌握实验原理、实验方法,会使用实验装置和仪器进行实验,获取数据,并对数据进行分析和处理,得出结论。

②严格按照科学规律进行实验操作,遵守实验操作规程,实事求是,不弄虚作假。

③实验过程中仔细观察实验现象,能对观察到的现象进行独立的分析和解释。

④实验报告是展示和保存实验结果的依据,同时也能展示学生分析综合、抽象概括、判断推理、语言表达及数据计算处理的综合能力。因此,要求实验报告要独立、认真、规范地撰写。

1.5 学生实验守则

①学生应在实验前认真预习实验内容,并做好预习报告,无预习报告者不得参与实验课程。

②学生进入实验室,必须严格遵守实验室各项规章制度和操作规程,注意人身安全。

③学生进入实验室,不得携带与实验无关的物品,严禁高声喧哗,严禁吸烟,严禁随地吐痰。

④学生须按实验课表或开放实验选课安排准时到实验室上课,不得迟到、早退或无故旷课;经批准不能按时上实验课的学生,必须补做;补做实验时间由学生申请提出,经实验室同意后具体安排;无故缺课的学生补做实验,应按规定办理相关手续。

⑤学生进入开放实验室做自行设计实验时,应事先和有关实验室联系,报告实验目的、内容和所需实验仪器设备,经同意后,在实验室安排的时间内进行。

⑥正确进行实验装置的安装、调试;实验准备就绪后,须经指导教师检查同意后,方可进行实验,严禁违规操作。

⑦实验中,若发生仪器设备故障或出现其他异常现象,应立即切断相关电源、水源等,停止操作,保持现场,报告指导教师,待查明原因或排除故障后,方可继续进行实验。

⑧实验中要一丝不苟、认真观察,准确、客观地记录各种实验数据,努力培养独立思考、科学分析和实践动手能力。

⑨实验结束后,应及时关闭水、电气、热源等,自觉整理好所用实验仪器设备,做好清洁工作,经指导教师检查同意后,学生方可离开实验室。

⑩学生应服从指导教师的安排,独立完成规定的实验内容,认真做好实验记录,独立完成实验报告,并按规定时间送交实验报告,不得抄袭他人的实验记录和实验报告。

⑪爱护实验仪器设备,不得随意动用与本实验无关的仪器设备。

⑫学生应严格执行实验室安全操作规程,学生违反安全操作规程造成对他人或自身的伤害,由学生本人承担责任;丢失或损坏仪器设备、材料等,根据情节轻重进行批评教育,并赔偿;未经实验室工作人员许可,学生不得将实验室仪器、工具及材料带出实验室。

第2章

机构原理与机构设计

2.1　平面机构运动简图的测绘与分析

【知识目标】

1. 各种运动副、构件和机构的表示符号。
2. 机构自由度概念、机构自由度的计算公式。

【技能目标】

1. 能依据实际机械和机构模型,绘制其机构运动简图。
2. 能根据绘制的机构运动简图,正确计算该机构的自由度。

2.1.1　实验设备

①各种机构模型。
②钢尺、绘图工具。

2.1.2　实验内容

①绘制机构模型的运动简图。
②测量各运动副之间的尺寸。
③计算机构的自由度,并判定运动的确定性。

2.1.3　实验原理

(1)机构运动简图的作用

在对现有机械进行分析或设计新的机械时,都需要绘制其机构运动简图。由于机构各部分的运动是由其原动件的运动规律、机构中各运动副的类型和机构的运动尺寸来决定的,而与构件的外形、断面尺寸、组成构件的零件数目和联接方式无关。因此,只需要根据机构的运动尺寸,按一定的比例定出各运动副的位置,就可用运动副及常用机构运动简图的代表符号和一般构件的表示方法将机构的运动传递情况表示出来。机构运动简图使了解机械的组成及对机械进行运动和动力分析变得十分简便。

(2)**常用符号**

1)常用运动副符号

为了便于表示运动副和绘制机构运动简图,运动副常用简单的图形符号来表示(见 GB/T 4460—2013),表 2.1 和表 2.2 为常用运动副和机构简图符号。

表 2.1　常用运动副符号

运动副名称	运动副符号		
		两运动构件构成的运动副	两构件之一为固定时的运动副
平面运动副	回转副		
	棱柱副(移动副)		
	平面高副		

2)常用机构运动简图符号

表 2.2　常用机构运动简图符号

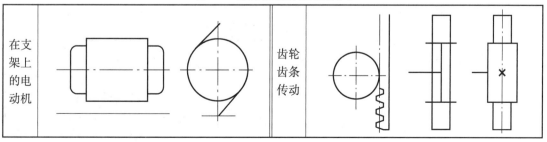

续表

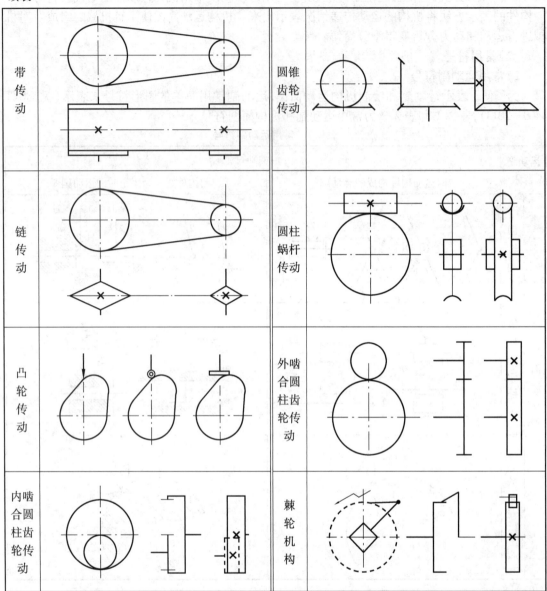

3）一般构件的表示方法

一般构件的表示方法见表2.3。

表2.3　一般构件的表示方法

杆、轴类构件	
固定构件	

续表

同一构件	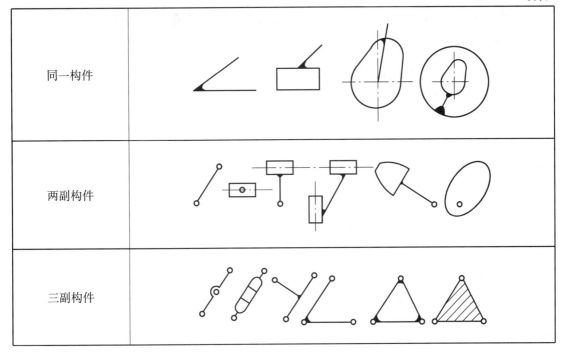
两副构件	
三副构件	

（3）平面机构的自由度计算

1）自由度计算公式

自由度计算公式为

$$F = 3n - (2P_1 + P_h - P') - F' \tag{2.1}$$

式中　n——活动构件数目；

　　　P_1——低副数目；

　　　P_h——高副数目；

　　　P'——虚约束数目；

　　　F'——局部自由度数目。

2）计算自由度的注意事项

①正确计算运动副数目。

②正确计算局部自由度。

③正确计算虚约束。

2.1.4　实验步骤

①缓慢转动被测绘机构的模型，从机构的主动件开始，顺着运动传递的路线仔细观察各构件的运动情况。

②确定机架、活动构件及其数目。

③仔细观察，并判别各直接接触构件之间的接触情况及其相对运动性质，确定运动副的类别和数目。

④从主动件开始，按照规定的符号和连接顺序逐步绘制机构运动简图的草图。其中，各构件用数字 1，2，3，…标注，各运动副用字母 A，B，C，…标注。

⑤计算机构的自由度,并判定机构是否有确定的运动。
⑥测量机构中与运动有关的尺寸,并选取适当的比例尺绘制机构的运动简图。

2.1.5 思考题

①机构运动简图主要有什么用途?
②机构自由度对机构的分析和设计有何意义?
③零件与构件有什么区别?

2.2 渐开线齿廓范成原理

【知识目标】

①范成法切制渐开线齿廓的基本原理。
②渐开线齿廓产生根切的原因和避免根切的方法。
③标准渐开线齿轮和变位渐开线齿轮的异同点。

【技能目标】

能正确计算标准及变位渐开线齿廓的主要几何参数。

2.2.1 实验设备

①渐开线齿轮范成仪。
②A3 绘图纸 1 张,铅笔、橡皮、绘图工具和剪刀。

2.2.2 实验内容

①范成标准渐开线齿廓。
②范成变位渐开线齿廓。
③计算并比较标准及变位渐开线齿廓的主要参数。

2.2.3 实验原理

(1)渐开线齿廓的范成原理

近代齿轮加工的方法很多,如铸造、模锻、冷轧、热轧及切削加工,但在生产中常用的是切削加工。目前,在齿轮切削加工中,最常用的是范成法,如插齿、滚齿和磨齿等。

用齿条插刀加工齿轮时,轮坯以角速度 ω 匀速转动,齿条插刀以速度 $v = r\omega$ 沿轮坯分度圆切向方向相对移动,齿条插刀同时在轮坯轴线方向上下往复运动并在向下运动过程中进行切削,齿条插刀同时沿轮坯中心方向作径向进给运动。这样,齿条插刀在轮坯上逐渐切制出渐开线齿廓,如图 2.1 所示。

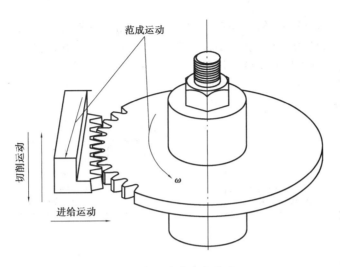

图 2.1　渐开线齿廓的范成

(2)渐开线齿廓的根切现象

用范成法切制齿轮时,有时刀具的顶部会过多地切入轮齿根部,将根部的渐开线齿廓切去一部分,从而导致根部齿厚减薄。产生严重根切的齿轮,其轮齿的抗弯强度明显降低,对传动十分不利,因此,加工时应避免发生根切。对于 $\alpha = 20°$,$h_a^* = 1$ 的标准刀具,加工标准齿轮不发生根切的最小齿数为 $z_{\min} = 17$。

如要制造齿数小于 17 而又不产生根切现象的齿轮,可采用增大压力角 α 和减小齿顶高系数 h_a^* 的方法,但是这样做需要采用非标准的刀具才行。解决这个问题最好的方法是采用变位修正法,就是将齿条刀具的分度线向远离轮坯中心的方向移动一个距离,这样加工出来的齿轮齿数可少于 17 且没有根切现象发生。加工变位齿轮不产生根切的最小移距系数为

$$x_{\min} = \frac{17 - z}{17} \tag{2.2}$$

(3)齿轮范成仪的工作原理

齿轮范成仪的结构如图 2.2 所示。圆盘安装在机架上,代表被加工的齿轮轮坯,齿条安装

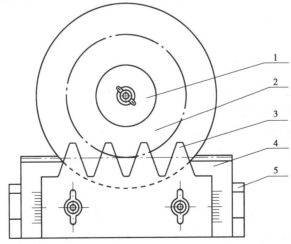

图 2.2　齿轮范成仪结构简图
1—压板;2—圆盘;3—齿条;4—溜板;5—机架

11

在溜板上,可随溜板在机架导轨内左右移动,齿条也可相对于圆盘作径向移动。如果齿条的分度线和圆盘的分度圆相切,便可切制出标准渐开线齿廓;如把齿条的分度线相对于圆盘的分度圆移动一定的距离,则可切制出变位齿轮。

（4）**实验参数**

实验参数见表2.4。

表2.4　实验参数

齿条刀具	$m = 20$ mm	$h_a^* = 1$
	$\alpha = 20°$	$C^* = 0.25$
被范成齿轮	$z = 10$	$d = 200$ mm

2.2.4　实验步骤

①根据已知的刀具参数和被加工的齿轮齿数、模数,计算出被加工的标准齿轮和变位齿轮的齿顶圆直径、齿根圆直径和基圆直径,并将之画于代表轮坯的圆形图纸上。

②将圆形图纸放在圆盘上,对准中心后用压板压定。

③将溜板移动至范成仪的一端,然后开始范成渐开线齿廓,每移动 $2 \sim 3$ mm 的距离,用铅笔在圆形图纸上描下齿条刀具的轮廓线。这样,依次反复移动溜板就可范成出 $2 \sim 3$ 个渐开线齿廓,如图2.3所示。

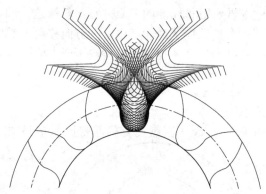

图2.3　标准渐开线齿廓

④计算最小变位系数 $x_{\min}$,并确定变位系数 x 使其略大于最小变位系数,然后把齿条刀具的分度线向远离轮坯圆心的方向移动一个变位量 $X = mx$。

⑤按照步骤③范成变位齿轮的齿廓,如图2.4所示。

⑥检查范成出的变位齿廓是否发生根切,并与标准齿廓进行比较,观察有何不同之处。

2.2.5　思考题

①渐开线齿轮加工的方法有哪些? 其加工原理是什么?

②用范成法加工的齿廓全部是渐开线吗? 齿廓由哪几部分组成?

③作为加工刀具的齿条与普通齿条有什么不同? 被加工齿廓的渐开线是由刀具的什么部位切制出来的? 过渡曲线又是由刀具的什么部位切制出来的?

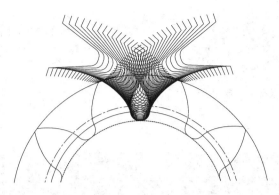

图 2.4　变位渐开线齿廓

④用齿条刀具加工齿轮时,齿轮分度圆上的槽宽和刀具上的什么部位相同? 为什么?

⑤用仿形法加工齿数小于 17 的齿轮是否有根切现象?

⑥能否用 $\alpha = 0°$ 的齿条刀具加工出分度圆上 $\alpha = 20°$ 的渐开线齿轮? 为什么?

⑦正变位、负变位和标准齿轮的齿廓有何异同?

2.3　凸轮机构的仿真与检测

【知识目标】

1.各种凸轮机构的基本原理。

2.偏心距和滚子直径对推杆运动规律的影响。

【技能目标】

1.能使用计算机对凸轮机构动态参数进行采集、处理,作出实测的动态参数曲线,并通过计算机对该机构的运动进行数模仿真,作出相应的动态参数曲线。

2.能使用计算机对凸轮机构结构参数进行优化设计,并对凸轮机构的运动进行仿真和测试分析。

2.3.1　实验设备

CQPS-A/3 多种凸轮机构动态测试及设计实验台如图 2.5 所示。

2.3.2　实验内容

①对盘形凸轮机构进行仿真与测试。

②对圆柱凸轮机构进行仿真与测试。

2.3.3　实验原理

(1)凸轮机构的工作原理

凸轮机构是一种常见的运动机构。它是由凸轮、从动件和机架组成的高副机构。当从动

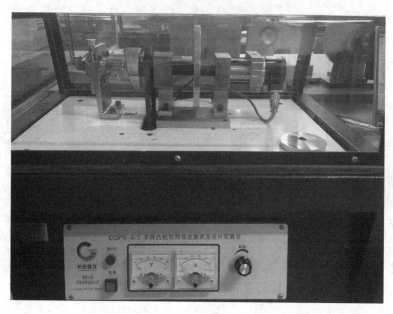

图 2.5　凸轮机构动态测试及设计实验台

件的位移、速度和加速度必须严格地按照预定规律变化,尤其当原动件作连续运动而从动件必须作间歇运动时,则以采用凸轮机构最为简便。凸轮从动件的运动规律取决于凸轮的轮廓线或凹槽的形状,凸轮可将连续的旋转运动转化为往复的直线运动,可实现复杂的运动规律。凸轮机构广泛应用于各种自动机械、仪器和操纵控制装置。凸轮机构之所以得到如此广泛的应用,主要是凸轮机构可实现各种复杂的运动要求,而且结构简单、紧凑,可准确实现要求的运动规律。只要适当地设计凸轮的轮廓曲线,就可使推杆得到各种预期的运动规律。

凸轮具有曲线轮廓或凹槽,有盘形凸轮、圆柱凸轮和移动凸轮等。其中,圆柱凸轮的凹槽曲线是空间曲线,因而属于空间凸轮。凸轮轮廓曲线决定于位移曲线的形状,曲线的形状则由设计者选定,可以有多种运动规律。常见的凸轮运动规律有等速、等加速-等减速、余弦加速度及正弦加速度等。

（2）凸轮机构实验台的主要参数

盘形凸轮机构主要参数见表 2.5。

表 2.5　盘形凸轮机构主要参数

1#凸轮参数	推程:等速运动规律	凸轮基圆半径 $r_0 = 40$ mm	滚子半径 $r = 7.5$ mm
		推杆升程 $h = 15$ mm	偏心距值 $e = 5$ mm
	回程:改进等速运动规律	推程转角 $\Phi_t = 150°$	远休止角 $\Phi_s = 30°$
		回程转角 $\Phi_h = 120°$	转动惯量 $J_1 = 1\ 000$ kg · mm^2
2#凸轮参数	推程:等加速等减速运动规律	凸轮基圆半径 $r_0 = 40$ mm	滚子半径 $r = 7.5$ mm
		推杆升程 $h = 15$ mm	偏心距值 $e = 5$ mm
	回程:改进梯形运动规律	推程转角 $\Phi_t = 150°$	远休止角 $\Phi_s = 30°$
		回程转角 $\Phi_h = 120°$	转动惯量 $J_1 = 1\ 000$ kg · mm^2

3#凸轮参数	推程:改进正弦加速运动规律	凸轮基圆半径 $r_0 = 40$ mm	滚子半径 $r = 7.5$ mm
		推杆升程 $h = 15$ mm	偏心距值 $e = 0$ mm
	回程:正弦加速运动规律	推程转角 $\varPhi_t = 150°$	远休止角 $\varPhi_s = 0°$
		回程转角 $\varPhi_h = 150°$	转动惯量 $J_1 = 1\ 000$ kg·mm^2
4#凸轮参数	推程:3—4—5 多项式运动规律	凸轮基圆半径 $r_0 = 40$ mm	滚子半径 $r = 7.5$ mm
		推杆升程 $h = 15$ mm	偏心距值 $e = 5$ mm
	回程:余弦加速运动规律	推程转角 $\varPhi_t = 150°$	远休止角 $\varPhi_s = 0°$
		回程转角 $\varPhi_h = 150°$	转动惯量 $J_1 = 1\ 000$ kg·mm^2
推杆参数	推杆质量 $M_2 = 0.2$ kg	推杆支承座宽 $L = 10$ mm	推杆与凸轮间的摩擦系数 $f_1 = 0.05$
	弹簧初压缩量 DL:10 mm	弹簧刚度 $K = 0.03$ N/mm	推杆与滑道间的摩擦系数 $f_2 = 0.1$
	支承座距基圆的距离 B:25mm		

圆柱凸轮机构主要参数见表2.6。

表 2.6　圆柱凸轮机构主要参数

凸轮参数	推程:改进等速运动规律	凸轮基圆半径 $r_0 = 40$ mm	滚子半径 $r = 7.5$ mm
		推杆升程 $h = 15$ mm	偏心距值 $e = 0$ mm
	回程:改进等速运动规律	推程转角 $\varPhi_t = 150°$	远休止角 $\varPhi_s = 30°$
		回程转角 $\varPhi_h = 120°$	转动惯量 $J_1 = 1\ 000$ kg·mm^2
推杆参数	推杆质量 $M_2 = 0.2$ kg	推杆支承座宽 $L = 10$ mm	推杆与凸轮间的摩擦系数 $f_1 = 0.05$
	弹簧初压缩量 DL:10 mm	弹簧刚度 $K = 0.03$ N/mm	推杆与滑道间的摩擦系数 $f_2 = 0.1$
	支承座距基圆的距离 B:25 mm		

(3)实验台测试原理图

如图 2.6 所示为实验台测试原理图。

2.3.4　实验步骤

(1)盘形凸轮机构实验

①单击"凸轮机构"图标,进入凸轮机构运动测试设计仿真综合试验台软件系统的封面。单击左键,进入盘形凸轮机构动画演示界面,如图 2.7 所示。

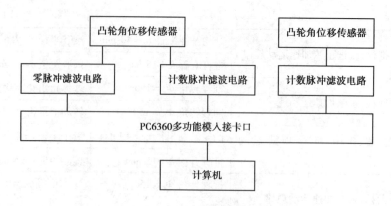

图 2.6　实验台测试原理图

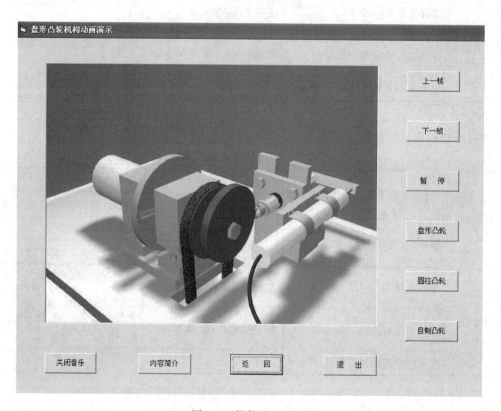

图 2.7　软件演示界面

②在盘形凸轮机构动画演示界面左下方单击"盘形凸轮"键,进入盘形凸轮机构原始参数输入界面,如图 2.8 所示。

③在盘形凸轮机构原始参数输入界面的左下方单击"凸轮机构设计"键,弹出凸轮机构设计对话框;输入必要的原始参数,单击"设计"按钮,弹出一个"选择运动规律"对话框;选定推程和回程运动规律,在该界面上,单击"确定"按钮,返回凸轮机构设计对话框;待计算结果出来后,在该界面上,单击"确定"按钮,计算机自动将设计好的盘形凸轮机构的尺寸填写在参数输入界面的对应的参数框内。也可以自行设计,然后按设计的尺寸调整推杆偏距,如图 2.9 所示。

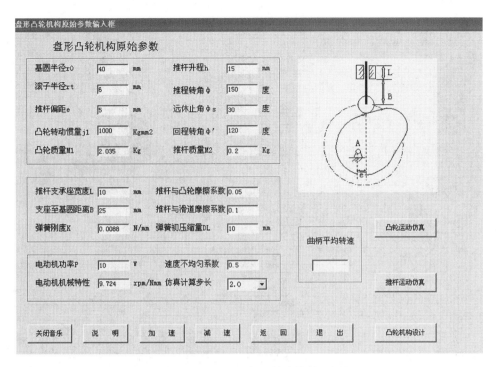

图 2.8　盘形凸轮机构原始参数输入界面

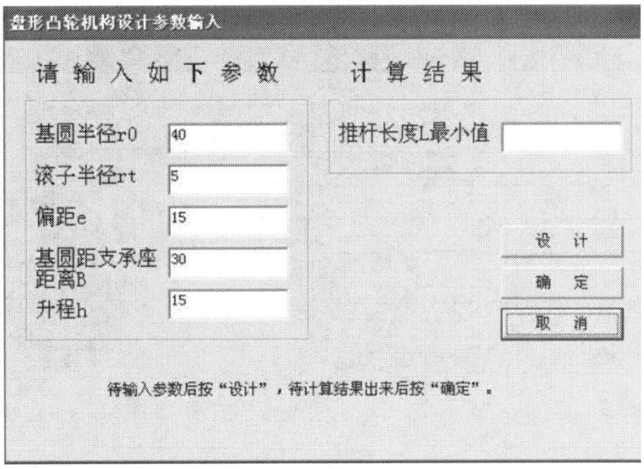

图 2.9　凸轮机构参数输入

④启动实验台的电动机,待盘形凸轮机构运转平稳后,测定电动机的功率,填入参数输入界面的对应参数框内。

⑤在盘形凸轮机构原始参数输入界面左下方单击选定的实验内容(凸轮运动仿真,推杆运动仿真),进入选定实验的界面,如图 2.10 所示。

⑥在选定的实验内容的界面左下方单击"仿真"按钮,动态显示机构即时位置和动态的速度、加速度曲线图。单击"实测"按钮,进行数据采集和传输,显示实测的速度、加速度曲线图,如图 2.11 所示。若动态参数不满足要求或速度波动过大,有关实验界面均会弹出提示"不满足!"及有关参数的修正值。

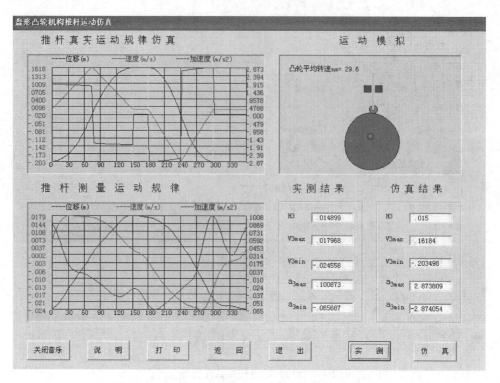

图 2.10　盘形凸轮机构推杆运动规律仿真与实测界面

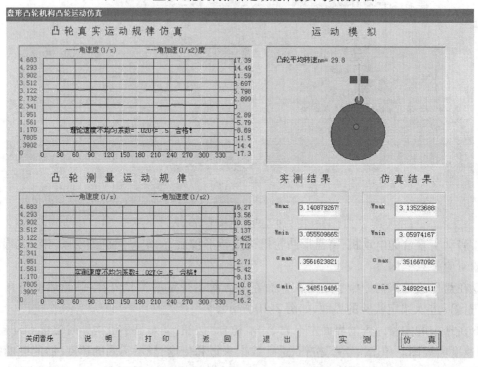

图 2.11　盘形凸轮机构凸轮运动规律仿真与实测界面

　⑦如果要打印仿真和实测的速度、加速度曲线图,在选定的实验内容的界面下方单击"打印"按钮,打印机自动打印出仿真和实测的速度、加速度曲线图。

⑧如果要做其他实验,或动态参数不满足要求,在选定的实验内容的界面下方单击"返回"按钮,返回盘形凸轮机构原始参数输入界面,校对所有参数并修改有关参数,单击选定的实验内容键,进入有关实验界面。

⑨如果实验结束,单击"退出"按钮,返回 Windows 界面。

(2)圆柱凸轮机构实验步骤

①单击"凸轮机构"图标,进入盘形凸轮机构运动测试设计仿真综合试验台软件系统的界面,如图 2.7 所示。单击左键,进入盘形凸轮机构动画演示界面。在盘形凸轮机构动画演示界面左下方单击"圆柱凸轮机构"键,进入圆柱凸轮机构动画演示界面。

②在圆柱凸轮机构动画演示界面左下方单击"圆柱凸轮"键,进入圆柱凸轮机构原始参数输入界面,如图 2.12 所示。

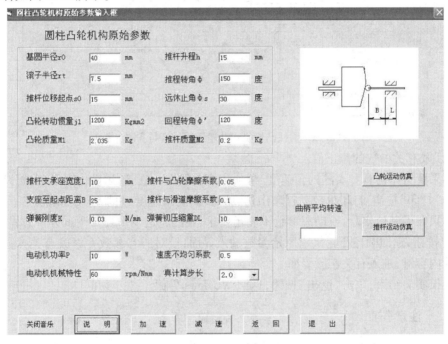

图 2.12 圆柱凸轮机构原始参数输入界面

③在圆柱凸轮机构原始参数输入界面的左下方单击"凸轮机构设计"键,弹出凸轮机构设计对话框,输入必要的原始参数,单击"设计"按钮,弹出一个"选择运动规律"对话框;选定推程和回程运动规律,在该界面上,单击"确定"按钮,返回凸轮机构设计对话框;待计算结果出来后,在该界面上,单击"确定"按钮,计算机自动将设计好的圆柱凸轮机构的尺寸填写在参数输入界面的对应的参数框内。也可以自行设计,然后按设计的尺寸调整推杆偏距。

④启动实验台的电动机,待圆柱凸轮机构运转平稳后,测定电动机的功率,并填入参数输入界面的对应参数框内。

⑤在圆柱凸轮机构原始参数输入界面左下方单击选定"凸轮运动仿真",进入选定圆柱凸轮机构的凸轮运动仿真及测试分析界面,如图 2.13 所示。

⑥在凸轮运动仿真及测试分析的界面左下方单击"仿真"按钮,动态显示机构即时位置和凸轮动态的角速度、角加速度曲线图。单击"实测"按钮,进行数据采集和传输,显示实测的角速度、角加速度曲线图。若动态参数不满足要求或速度波动过大,有关实验界面均会弹出提示

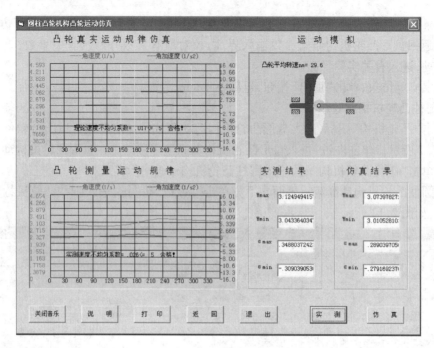

图 2.13　圆柱凸轮机构凸轮运动仿真与实测界面

"不满足!"及有关参数的修正值。

　　⑦如果要打印仿真和实测的角速度、角加速度曲线图,在凸轮运动仿真及测试分析的界面下方单击"打印"按钮,打印机自动打印出仿真和实测的角速度、角加速度曲线图。

　　⑧如果要做其他实验,或动态参数不满足要求,在凸轮运动仿真及测试分析的界面下方单击"返回"按钮,返回圆柱凸轮机构原始参数输入界面,校对所有参数并修改有关参数,单击选定的实验内容键,进入有关实验界面。

　　⑨如果实验结束,单击"退出"按钮,返回 Windows 界面。

2.3.5　注意事项

　　①开机前,将面板上调速旋钮逆时针旋到底(转速最低)。

　　②用手转动飞轮盘 1～2 周,检查各运动构件的运行状况,各螺母紧固件应无松动,各运动构件应无卡死现象。

　　③开机后,人不要太靠近实验台,更不能用手触摸运动构件。

　　④调速稳定后,才能用软件测试。测试过程中不能调速,否则测试曲线会混乱,不能反映周期性。

　　⑤测试时,转速不能太快或太慢,否则超过传感器量程,软件采集不到数据,将自动退出系统或死机。

　　⑥如需调整实验机构杆长的位置,应特别注意,在各项调整工作完成后,一定要用扳手将该拧紧的螺母全部检查一遍,转动曲柄盘,并检查机构的运转情况,再进行下一步操作。

2.3.6　思考题

　　凸轮基圆直径、滚子直径、偏心距对其轮廓线有什么影响?

2.4　平面组合机构运动方案创新设计

【知识目标】

1. 组合机构的基本机构类型。
2. 组合机构的组合原理。

【技能目标】

1. 能运用机构组合原理,设计简单的平面组合机构。
2. 能根据所设计的机构运动方案,正确拼装并调试出符合要求的机构。

2.4.1　实验设备

①平面机构创新实验台。
②绘图工具。
③扳手、螺丝刀、钳子、钢尺。

2.4.2　实验内容

①学习组合机构创新的基本原理。
②自主设计组合机构的运动方案。
③根据所设计的机构运动方案,拼装和调试机构。
④确定构件尺寸,并绘制机构运动简图。

2.4.3　实验原理

(1)机构创新的概念和流程

机构创新设计是指充分发挥设计者的创造能力,利用人类已有的相关科学技术成果(理论、方法、技术和原理等),进行创新构思,设计出具有新颖性、创造性及实用性的机构的一种实践活动。

机构创新的目的是由所要求的功能出发,改进、完善现有机构或创造发明新的机构实现预期的功能,并使其具有更好的工作品质和经济特性。

机械创新设计的一般流程如图 2.14 所示。机构创新一般分为以下 4 个阶段:

第一个阶段,确定机械的基本工作原理。其间可能涉及机械学对象的不同层次、不同类型的机构组合,或不同学科知识、技术的问题。

第二个阶段,机构结构类型的综合及其优选。优选的结构类型对机械整体性能和经济性具有重大影响,在优选过程中往往创造出新的机构。结构类型综合及其优选是机械设计过程中最富有创造性、最具有活力的阶段,也是十分复杂和困难的事情。

第三个阶段,机构运动尺寸综合及其运动参数选择。其难点在于求得非线性方程组的完全解,为优选方案提供了较大的空间。随着优化法、代数消元法等数学方法引入机构学研究中,这个问题有了突破性进展。

第四个阶段,机构动力学参数综合及其动力参数优选。其难点在于动力参数量大,参数值变化域广的多维非线性动力学方程组的求解。

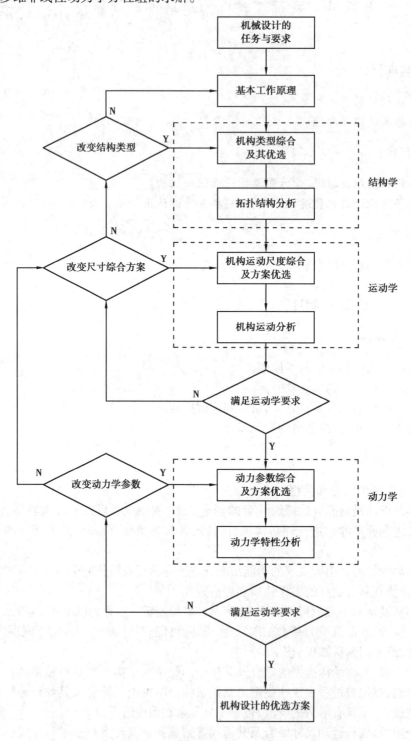

图 2.14　机械创新设计的一般流程

（2）机构创新设计的原理

1）机构组合原理与创新

机构的组合原理是指将几个基本机构按一定的原则或规律组合成一个复杂的机构。这个复杂的机构一般有两种形式：一种是集中基本的机构融合成性能更加完善、运动形式更加多样的新机构；另一种是几种基本机构组合在一起，组合体的各基本机构同时保持各自的特性，但需要各机构的运动和动作协调配合，以实现组合的目的。

机构的组合方式可分为以下4种：

①串联式机构组合

串联式机构组合是指若干单自由度的基本机构 A，B，C，…顺序串联，每一个前置机构的输出运动是后置机构的输入，联接点设置在前置机构中作简单运动的与机架相联的构件上，这种联接称为Ⅰ型串联；联接点设置在前置机构中作平面复杂运动的构件上（非连架杆），称为Ⅱ型串联，如图2.15所示。

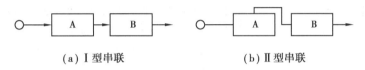

（a）Ⅰ型串联　　　　　　　　（b）Ⅱ型串联

图2.15　串联式机构组合

推荐的串联组合方法有以下种类：

A. 前置子机构为连杆机构

连杆机构的输出构件一般为连架杆。它能实现往复摆动、往复移动和变速转动输出，可产生急回效果。常采用的后置机构有：

a. 连杆机构。连杆机构可利用变速转动的输入获得等速转动的输出，还可利用杠杆原理，确定合适的铰接位置，在不减小机构传动角的情况下实现增程和增力的作用。

b. 凸轮机构。可获得变速转动、移动的凸轮，使后置子机构的从动件获得更多的运动规律。

c. 齿轮机构。利用摆动或移动输入，获得齿轮的大幅度摆动或齿条的大行程移动，还可利用变速转动的输入进一步通过后置的齿轮机构进行增速或减速。

d. 槽轮机构。利用变速转动输入，减小槽轮转位的速度波动。

e. 棘轮机构。利用往复摆动或移动拨动棘轮间歇转动。

连杆机构的输出构件还可以是平面复合运动的连杆，它能实现平面复合运动轨迹输出。这种串联的特点是利用连杆上的某些点的特殊轨迹（直线、圆弧、"8"字自交曲线等），使后置子机构的输出构件获得某些特殊的运动规律，如停歇、行程重复等。对于Ⅱ型串联，后置子机构常采用连杆机构，从而组合成多杆机构，也可采用其他类型基本机构作为后置子机构，从而获得理想的创新效果。

B. 前置子机构为凸轮机构

凸轮机构作为前置子机构时，优点是能输出任意运动规律的移动或摆动，缺点是行程太小。后置子机构利用凸轮机构输出的运动规律改善其运动特性，或使其运动行程增大。后置子机构可以是连杆机构、齿轮机构、槽轮机构或凸轮机构等。

C. 前置子机构为齿轮机构

齿轮机构的基本型作为前置子机构，输出转动或移动，后置子机构可以是各种类型的基本机构，如齿轮机构、连杆机构、凸轮机构等，可获得各种减速、增速以及其他的功能。

此外,前置子机构还可以是非圆齿轮机构、槽轮机构等。

②并联式机构组合

两个或多个基本机构并列布置,称为机构并联组合。每个基本机构具有各自的输入构件,而具有共同的输出构件,称作Ⅰ型并联;各个基本机构具有共同的输入和输出构件,称为Ⅱ型并联;各个基本机构具有共同的输入构件,却具有各自的输出构件,称为Ⅲ型并联,如图2.16所示。

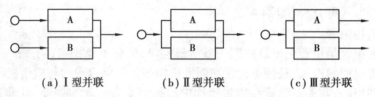

(a)Ⅰ型并联　　　(b)Ⅱ型并联　　　(c)Ⅲ型并联

图2.16　并联机构组合

并联机构组合的特点是:两个子机构并列布置,并行传递运动。如果按输出运动特性分类,又可分为简单型和复杂型。简单型要求并联的两个子机构类型、形状和尺寸完全相同,并且对称布置。它主要用于改善机构的受力状态、动力特性、自身的动平衡以及解决机构运动中的死点问题和输出运动的可靠性等问题。并联的两个子机构常采用连杆机构或齿轮机构,它们共同的输入或输出件一般是两个子机构共同具有的同一个构件,输出或输入运动的性质是简单的移动、转动或摆动。

复杂型并联机构输出复杂的、合成的运动,或者是两个简单的但要求协调配合的运动。并联的两个子机构可以是不同类型的基本机构或同一类型但具有不同结构尺寸的基本机构,也可以是经过串联组合的机构。这种并联形式主要用于实现复杂的运动或动作,它的输出形式一般是按功能要求而设定,如果是用于运动的合成,则一个子机构的输出构件是连架杆,输出简单运动;而另一个子机构的构件与前一个子机构的输出构件通过运动副联接,使其按预定的要求实现复杂运动的输出。

Ⅰ型并联式组合相当于运动的合成,其主要功能是对输出构件运动形式的补充、加强和改善。Ⅱ型并联式组合是将一个运动分解为两个运动,再将这两个运动合成为一个运动输出,其主要功能与Ⅰ型并联组合类似,也能改善输出构件的运动形式和轨迹,同时还可改善机构的受力状态,获得机构动平衡。Ⅲ型并联式组合是将一个运动分解为两个输出运动,其主要功能是实现两个运动输出,而这两个运动又相互配合,可完成较复杂的运动,满足复杂的工艺要求。

③复合式机构组合

一个具有两个自由度的基础机构A和附加机构B并联在一起可组合成复合式组合机构。基础机构的两个输入运动:一个来自机构的主动构件,另一个来自机构的附加机构。附加机构的输入有两种情况,如图2.17(a)、(b)所示。

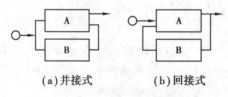

(a)并接式　　　(b)回接式

图2.17　复合式机构组合

复合式机构组合一般是不同类型的基本机构组合,并且各种基本机构有机地融合为一体,成为一种新机构,如齿轮连杆机构、凸轮连杆机构等。其主要功能是可输出任意运动规律,如有规律的停歇、逆转、加速、减速、前进及倒退等。复合式机构组合的基础机构多为二自由度机构，如差动齿轮机构、五连杆机构或空间运动副的空间运动机构；附加机构为各种基本机构，如单自由度的连杆机构、凸轮机构和齿轮机构等。

④叠加式机构组合

将一个机构安装在另一个机构的某个运动构件上的组合形式，称为叠加式机构组合。其输出的运动是若干个机构输出运动的合成。这种组合的运动关系有两种情况：一种是各机构的运动关系是相互独立的，称为运动独立式，常见于各种机械手；另一种则是各机构之间的运动有一定的相互影响，称为运动相关式，如摇头电风扇的传动机构。如图 2.18 所示为叠加式机构组合的运动传递框图，在此基础上还可继续叠加 C，D 等一系列机构。

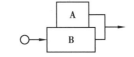

图 2.18　叠加式机构组合

叠加式机构组合主要能实现特定的输出，完成复杂的运动。设计时的主要问题是根据所要求的运动和动作如何选择各个子机构的类型和解决输入运动的控制。通常把各个子机构设计成单自由度，使其运动的输入输出形式简单，达到容易控制的目的。本着这样的原则，针对不同的运动要求，常用的子机构为：

a.实现水平位移常选择移动式油缸或气缸，齿轮齿条机构，或者履带传动等。

b.实现垂直移动常选移动式油缸、气缸、X 形连杆机构，或螺旋机构实现升降。

c.实现转动常采用齿轮机构，带、链等挠性传动机构。

d.实现平动常用平行四边形导引机构。

e.实现伸缩、俯仰、摆动，常选择摆动油缸或曲柄摇块机构。

2)机构组合创新实例

例 2.1　槽轮机构常用于转位和分度机械装置中，但它的运动和动力特性不是很理想，尤其在槽轮槽数较少的外槽轮机构中，其角速度和角加速度的波动均达到很大数值，造成工作台转位不稳定。为改善这种情况，采用双曲柄与槽轮机构串联组合方式，对双曲柄机构进行尺寸综合时，要求摇杆(从动曲柄)E 点的速度变化能中和槽轮的转速突变，使槽轮能近似等速转动。机构简图和槽轮速度曲线如图 2.19 和图 2.20 所示。

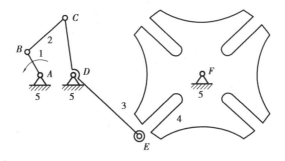

图 2.19　双曲柄机构和槽轮机构的串联组合

1—曲柄；2—连杆；3—摇杆(从动曲柄)；4—槽轮

例 2.2　如图 2.21 所示为牛头刨床导杆机构。其前置机构 ABD 为转动导杆机构，输出杆 BE 作非匀速转动，从而使滑块 7 实现近似匀速往复运动，曲柄 1 为主动件，绕固定铰链 A 匀速转动，使该机构的从动件 3 输出非匀速转动。六杆构件 BCDEFG 为后置子机构，主动构件为

曲柄 BE,即前置子机构的输出构件3,因构件3输入的是非匀速转动,故中和了后续机构的转速变化,故当曲柄1匀速转动时,滑块7在某段区间内能实现近似匀速往复移动。

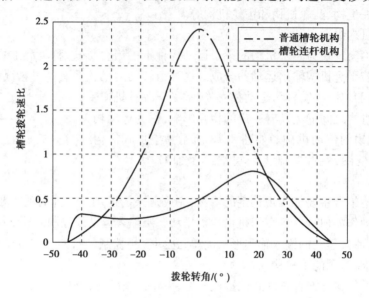

图 2.20 槽轮角速度变化曲线

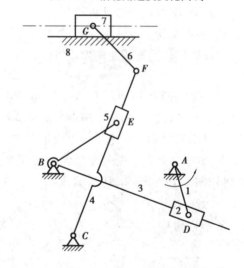

图 2.21 牛头刨床导杆机构

1—曲柄 AD;2—滑块2;3—导杆 BD;4—摇杆 CF;5—滑块5;6—连杆 GF;7—滑块7

例 2.3 如图2.22所示为具有停歇功能的六杆机构。在前置机构 $ABCD$ 中,连杆2上 E 点的轨迹有一段近似直线(如图中虚线所示)。以点 F 为转动中心的导杆6,其导向槽与 E 点轨迹的近似直线段重合,当 E 点沿直线部分运动时导杆停歇。

例 2.4 如图2.23所示为六杆机构。在一个循环内,滑块6可实现两个不同的行程。在前置机构 $ABCD$ 中,连杆2上 E 点的轨迹是一个自交横向8字形的曲线,如图示的虚线。与连杆2铰接在 E 点的连杆5又和沿固定导轨移动的滑块6在 F 点铰接。这样,曲柄 AB 回转一周,滑块6可往复移动两次。

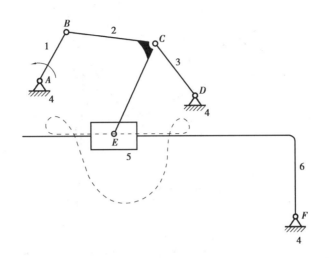

图 2.22　具有停歇功能的六杆机构

1—曲柄 *AB*;2—连杆 *BC*;3—摇杆 *CD*;4—机架;5—滑块;6—导杆

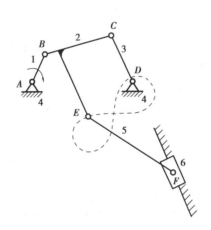

图 2.23　实现从动件双行程的六杆机构

1—曲柄 *AB*;2—连杆 *BC*;3—摇杆 *CD*;4—机架;5—连杆 *EF*;6—滑块

例 2.5　如图 2.24 所示为 V 形发动机的双曲柄滑块机构。它是典型的 I 型并联机构,两气缸 V 形布置,它们的轴线通过双曲柄 1 的回转中心,当分别向两个活塞输入运动时,则曲柄1 可实现无死点的定轴回转运动,并且具有良好的平衡、减振作用。

例 2.6　如图 2.25 所示为缝纫机针杆机构。它是可实现从动件作复杂平面运动的二自由度机构,由凸轮机构和曲柄滑块机构并联组合而成,原动件分别为曲柄 1 和凸轮 5,从动件是针杆 3。针杆 3 可实现上下往复移动和摆动的复杂平面运动。若想改变摆角,可通过调整偏心凸轮的偏心距来实现。

例 2.7　如图 2.26 所示为钉扣机针杆传动机构。它由曲柄滑块机构 *ABCD* 和摆动导杆机构 *EFG* 并联组合而成,原动件分别是曲柄 1 和曲柄 6,从动件是针杆。当给曲柄 1 和曲柄 6 输入不同的运动时,整个机构可实现平面复杂运动,完成钉扣的预定动作。

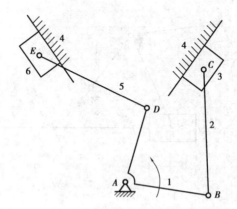

图 2.24　V 形双缸发动机
1—双曲柄 AB-AD;2—连杆 BC;3—滑块 3;4—机架;5—连杆 DE;6—滑块 6

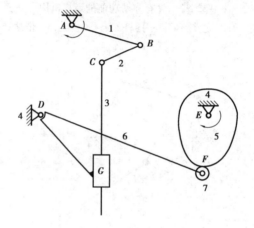

图 2.25　缝纫机针杆运动机构
1—曲柄 AB;2—连杆 BC;3—针杆;4—机架;5—凸轮;6—摇杆 DF;7—滚子

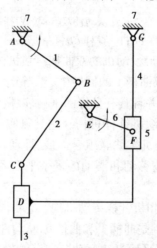

图 2.26　钉扣机针杆传动
1—曲柄 AB;2—连杆 BC;3—针杆;4—导杆;5—滑块;6—曲柄 EF

例2.8　如图2.27所示为丝织机的开口机构。它由曲柄摇杆机构 ABCD 和两个摇杆滑块机构 GEFH 组成。当曲柄1转动时,通过摇杆3带动两个摇杆滑块机构运动,使滑块6,7实现上下移动,从而完成丝织机的开口动作。

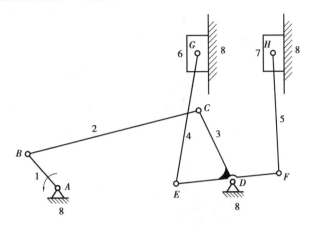

图2.27　丝织机开口机构

1—曲柄 AB;2—连杆 BC;3—摇杆;4—连杆 EG;5—连杆 FH;6—滑块6;7—滑块7;8—机架

2.4.4　实验设备功能与组装说明

(1)机架与主要零部件

实验台配有各种元件,联接用的螺钉、螺母、垫圈、键等。主要元件及其功能见表2.7。

表2.7　主要零部件及其功能表

序号	名　称	图　形	功　能
1	主动铰链		通过螺纹与机架相联,转动轴上带平键,上可固定驱动如曲柄、齿轮、凸轮等部件,可由外部输入运动
2	固定铰链		通过螺纹与机架相联,转动轴上带平键,上可固定驱动如曲柄、齿轮、凸轮等部件,可绕其轴线转动
3	活动铰链		与连杆等其他构件组合可构成转动副
4	铰链螺母		与铰链螺钉配合使用,起固定部件作用

续表

序号	名　称	图　形	功　能
5	铰链螺钉		与铰链螺母配合使用,起固定部件作用
6	带铰滑块		上有一个转动轴,与其他部件联接时可形成一个转动副,与连杆联接时可形成移动副
7	偏置滑块		与连杆联接时可形成移动副
8	曲柄杆		可单独作为短曲柄用,也可在上联接连杆作定轴转杆用
9	轴套		与主动、从动铰链配合使用,调节轴上零件的空间位置
10	支承螺钉		与其他部件配合使用,可调节配合部件的空间位置
11	铰链接长轴		
12	铰链接长母		
13	套筒组件		

续表

序号	名　称	图　形	功　能
14	连杆		33 ~ 423 mm 的各种连杆若干
15	连杆接头		各种类型的杆接头若干
16	角度板		连杆不同角度安装时使用
17	垫块		
18	齿轮		模数 1.5,齿数为 20 ~ 70 的直齿轮
19	齿条		模数 1.5
20	凸轮		3 种类型的凸轮,与连杆配合,可构成凸轮推杆机构
21	凸轮滚子		
22	凸轮平底		

续表

序号	名　称	图　形	功　能
23	轴端挡圈		固定元件
24	螺钉螺母		各种规格的螺钉和螺母
25	垫圈		
26	滑板		
27	滑板压板		

（2）**主要部件的拼装**

1）滑板的组装

如图 2.28 所示,滑板可在机架上下滑动调节其位置。当其位置调节适当后,将沉头螺钉拧紧,滑板和滑板压板即可将机架夹紧。

图 2.28　滑板的安装

2）转动副的组装

如图 2.29 所示,将从动铰链的扁螺纹穿入连杆的槽中,另一端用铰链螺母锁紧;或将铰链螺钉的扁螺纹穿入连杆的槽中,另一端用从动铰链的螺母锁紧,即可组装出一个转动副;以此类推,可组装出多副杆件,如图 2.30 所示。

图 2.29　转动副的组装

图 2.30　含有共线三铰链的杆件的组装

3）滑动副的拼装

如图 2.31 所示,将连杆一端穿入偏置滑块或带铰滑块的滑槽中,滑块即可在连杆上自由滑动,这样就组装成了滑动副。

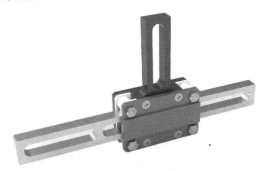

图 2.31　移动副的组装

4）连杆的铰接

如图 2.32 所示,将两连杆铰接时需要用到从动铰链、铰链螺母和铰链螺钉。首先将从动铰链在连杆适当的位置上用铰链螺母锁紧,然后用铰链螺钉将另一连杆锁紧在铰链螺母上,这样就可在两连杆间形成一个铰链。当需要在多根连杆间组装出复合铰链时,可参照如图 2.33 所示的方法。

图 2.32 两连杆的铰接　　　　　　　　　　　图 2.33 三连杆的复合铰链

5）滑块与连杆的组装

如图 2.34 所示，当需要在两连杆间组装出滑动副和转动副时，就需要用到图示构件。其中，如果转动副和滑动副共线，则可用带铰滑块；否则，就用偏置滑块，用一个从动铰链将偏置滑块和连杆铰接起来。

图 2.34 滑块与连杆的组装

6）齿条组件和带铰滑块与连杆的组装

如图 2.35 所示，首先将两带铰滑块组装在一连杆上，然后将齿条组件上的螺钉拧紧，使其和两带铰滑块固联在一起，这样齿条组件就可在连杆上自由滑动。

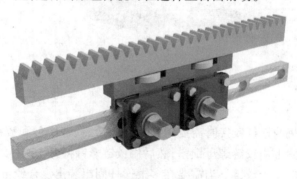

图 2.35 齿条组件与滑块和连杆的组装

7）凸轮机构的组装

凸轮机构的组装分为两部分：凸轮的组装和推杆的组装。凸轮的组装如图 2.36 所示。首先将一主动铰链锁紧在滑块上，然后根据凸轮在铰链转动轴上的位置选择垫套的数目调节凸轮轴向位置，最后用垫圈和螺钉将凸轮锁紧。这样，凸轮就可在主动铰链上自由转动了。如果凸轮不是主动件，可将主动铰链更换为相同大小的固定铰链。

图 2.36　凸轮的组装

推杆的组装如图 2.37 所示。当需要直动平底推杆时，将凸轮平底与连杆用铰链螺钉和铰链螺母固联，如图 2.37（a）所示；当需要直动滚子推杆时，将凸轮滚子与连杆用铰链螺母锁紧，如图 2.37（b）所示；当需要摆动滚子推杆时，首先将凸轮滚子用铰链螺母与连杆锁紧，然后再铰接一个从动铰链上去即可，如图 2.37（c）所示。

（a）直动平底推杆的组装

（b）直动滚子推杆的组装

（c）摆动滚子推杆的组装

图 2.37　凸轮机构的组装

8）齿轮的组装

齿轮的组装与凸轮的组装类似，如图 2.38 所示。

图 2.38　齿轮的组装

9）曲柄的组装

如图 2.39 所示，当组装的机构中需要绕定轴转动的曲柄时，可用曲柄杆、铰接螺钉和从动铰链、连杆进行组装。将连杆一端装入曲柄杆一端的卡槽里，然后用铰链螺钉进行固定，再将从动铰链用铰链螺钉固定在适当的地方，则可组装出一定长度的曲柄。

图 2.39　曲柄的组装

10）杆件的搭接

如图 2.40 所示，当组装机构时所需要的 L 形连杆时，就需要连杆接头来组装出 L 形连杆。连杆接头有多种类型，选择不同的接头可组装出不同的 L 形连杆。如图 2.40（a）所示，组装出两端都带铰链的连杆，连杆接头可用 A 型杆接头。当需要直角顶点带铰的 L 形连杆时，杆接头可用 LT 形杆接头，如图 2.40（b）所示。当需要十字形或 T 字形连杆时，杆接头可用 T 形杆接头，如图 2.40（c）所示。

11）角度板的组装

当组装机构时所需要的连杆不是 L 形连杆而是呈一定角度时，就需要用到角度板来进行组装。如图 2.41 所示，将两连杆摆放到所需的角度时，用六角螺钉和螺母锁紧；如角度板上带铰链，则需要用垫块将从动铰链垫高。

12）套筒轴的安装

当组装齿轮时，如果用主动铰链或固定铰链对齿轮定位时不能满足中心距的要求，此时可采用套筒轴来方便地调节中心距。安装时，首先用支承螺钉调节作为机架的连杆的位置，然后用六角螺钉将连杆固定，再将套筒轴用铰链螺母锁紧在连杆上，最后将齿轮和垫套装在套筒轴上用垫片和螺钉固定即可，如图 2.42 所示。

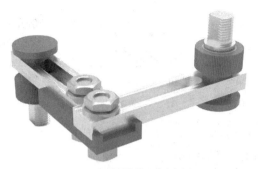

(a) 两端带铰L形连杆

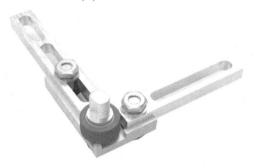

(b) 直角顶点带铰L形连杆

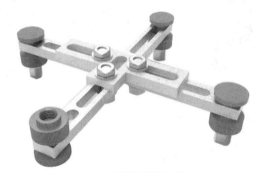

(c) 十字形多铰连杆

图 2.40 杆件的搭接

图 2.41 带铰链的角度板的组装

图 2.42　套筒轴的安装

13)隔层两构件的铰链联接

在组装机构时,虽然组装的是平面机构,但是实际的构件确是空间的,为了不发生构件间的干涉,因此,组装时一定要注意构件间的空间位置,尽量让构件间相互平行。有时,为了错开空间位置,需要将两构件间的距离增大,此时就需要用支承螺钉和垫块来调节两构件间的平行距离,如图 2.43 所示。

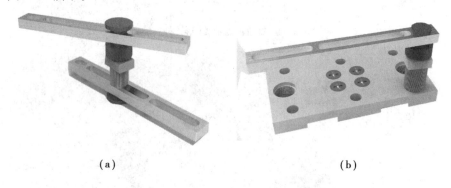

（a）　　　　　　　　　　　　　　　　　（b）

图 2.43　隔层两构件的铰链联接

14)机构组装示例

以如图 2.45 所示的机构为例来说明组合机构的组装过程。如图 2.44(a)所示,首先将一齿数为 60 的齿轮 3 用主动铰链固定在滑板上,然后再将另一齿数为 40 的齿轮 1 用主动铰链固定在另一滑板上,并调节两滑板的位置,使两齿轮能正常啮合并能自由转动。将齿轮 1 组装好以后,再在主动铰链上装上一凸轮 2 并用垫圈和螺钉锁紧形成图 2.45 中的构件 1,如图 2.44(b)所示。接下来,再组装凸轮机构的直动滚子推杆 16,考虑推杆 16 的受力因素,此处用了两个偏置滑块 11 来组装推杆的移动固定导路。同时,考虑推杆的空间位置,每个偏置滑块处用了两个 4 号支承螺钉 10 来调节其位置,位置调整好以后用两个六角螺钉将偏置滑块锁紧。推杆组装时,可组装成对心式的和偏置式的,调节相应滑板的上下位置即可,如图 2.44(c)所示。上述步骤完成后,再组装图 2.44 的构件 4,首先将一固定铰链固联在对应的滑板上,然后依次装好齿数为 40 的齿轮 4 和一定长度的曲柄 5 并用垫圈和螺钉锁紧,同时调节滑板的上下位置,使齿轮 4 能和齿轮 3 正常啮合后锁紧滑板,如图 2.44(d)所示。组装图 2.45构件 6 时,同样用固定铰链 14 将摆杆 7 铰接在滑板上并上下调节滑板的位置,要注意的是,摆

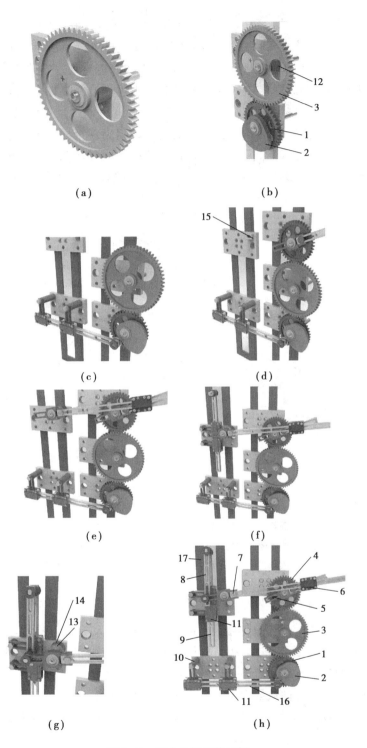

图 2.44 组合机构组装示例

1—齿轮 1(z = 40) ;2—凸轮 ;3—齿轮 3(z = 60) ;4—齿轮 2(z = 40) ;5—曲柄杆 ;
6—带铁滑块 ;7—摇杆 ;8—连杆 ;9—导杆 ;10—支承螺钉 ;11—偏置滑块 ;
12—主动铰链 ;13—垫套 ;14—固定铰链 ;15—垫块 ;16—推杆 ;17—机架

杆 7 的位置一定要平行于曲柄 5 并且在空间上不得互相干涉,因此用了一个垫块 15 将固定铰链垫起来,同时用了两个垫套 13 将摆杆 7 也垫起来,如图 2.44(e)所示。组装图 2.45 构件 8 时,有两种组装方式:一是将滑块 11 与机架 17 固定形成固定导路,将连杆插入其中形成滑杆;二是将连杆与机架固定形成固定导路,将带铰滑块套在连杆上形成滑块。到底采用哪种方式,需要根据具体的组装情况来定。图 2.44(f)采用第一种组装方式,在确定偏置滑块位置时,必须要保证滑杆要平行于摆杆 7,否则会产生很大的运动阻力甚至导致机构卡死。将构件 8 组装好后,最后在构件 8 和摆杆 7 间铰接一长度适当的连杆 8,如图 2.44(g)所示。到此,整个机构就组合安装完毕,则可转动齿轮 3,确认整个机构运动轻畅,运动阻力较小,各构件间没有运动干涉现象。

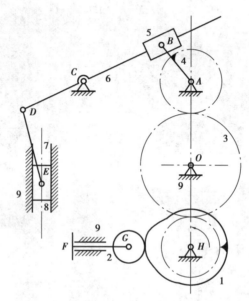

图 2.45 导杆摇杆滑块冲压机构和凸轮送料机构
1—构件 1(凸轮 + 齿轮);2—推杆;3,4—齿轮;
5—滑块;6—摆杆;7—连杆;8—滑块;9—机架

2.4.5 实验步骤

①根据机构运动方案创新的基本原理,自行设计机构运动方案,并计算其自由度。

②先在实验台上初步组装机构,拟订构件分层方案。其目的是:一方面使各个构件在相互平行的平面内运动,另一方面避免各个构件、运动副之间发生运动干涉。

③按照分层方案,把构件从最内层开始依次组装到机架上。

④用手转动或移动原动件,观察整个机构各个连杆、运动副的运动,确认连杆、运动副之间无干涉后,再将机构与电机联接。

⑤检查无误后,启动电机。

⑥观察整个机构的运动情况,对所组装的机构工作情况、运动学及动力学作出定性的分析和评价。一般包括以下方面:

a.有无"憋劲"现象。

b.机构运动是否连续。

c.最小(或最大)传动角是否超过其许用值,从动件的运动轨迹是否超过工作行程。

d.机构运动过程中是否产生冲击。

e.机构是否灵活、可靠地按照设计要求运动。

f.自由度大于 1 的机构,原动件是否能使整个机构实现良好的协调动作。

g.原动件的选取是否合理。

⑦测量各运动副间的相对尺寸,绘制机构运动简图。

⑧经指导教师点评后,拆卸、还原零部件,实验结束。

2.4.6　参考平面机构运动方案

(1)导杆摇杆滑块冲压机构和凸轮送料机构

如图 2.45 所示,整个机构由齿轮 4 带动,冲压部分由构件 4,5,6,7,8 组成,送料机构由凸轮 1、推杆 2 组成。通过调整凸轮轮廓曲线,可改变冲压运动与送料运动之间的配合。

(2)自动车床送料及进刀凸轮连杆机构

如图 2.46 所示,由平底直动盘状凸轮机构与连杆机构组成。当凸轮 1 转动时,推杆 2 往复移动,通过连杆 3 与摆杆 4 及滑块 5 带动从动件 6(推料杆)作周期性往复直线运动。

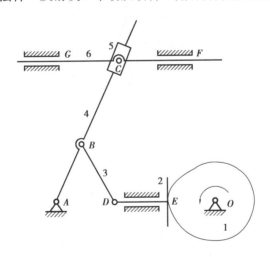

图 2.46　自动车床送料及进刀凸轮连杆机构

1—凸轮;2—推杆;3—连杆;4—摆杆;5—滑块;6—从动件

(3)单侧停歇的移动机构

如图 2.47 所示的机构由六杆机构 ABCDEFG 和曲柄滑块机构 GFH 串联组合而成。连杆 2 上 E 点的轨迹在 E_1EE_2 段近似为圆弧,圆弧中心为 F。六杆机构的从动杆 4 为机构 GFH 的主动件。当 E 点轨迹处于圆弧上时,连杆 3 绕 F 点摆动,摇杆 4 停止摆动,滑块 7 处于停止阶段;当 E 点轨迹不在圆弧上时,摇杆 4 摆动,从而带动滑块 7 运动。

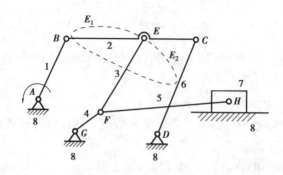

图 2.47　单侧停歇的移动机构

1—曲柄 AB;2—连杆 BC;3—连杆 EF;4—从动杆 GF;

5—连杆 FH;6—摇杆 CD;7—滑块;8—机架

（4）双侧停歇的六杆机构

如图 2.48 所示的六杆机构,当连杆 2 上 E 点在圆弧 α—α 上运动时,铰链 F 是圆弧 $\overset{\frown}{\alpha\alpha}$ 的圆心,所以铰链 F 的位置不会改变,摇杆 5 就不会摆动。同理,当连杆 2 上 E 点在圆弧 $\overset{\frown}{\beta\beta}$ 上运动时,摇杆 5 也不会摆动,从而在圆弧 $\overset{\frown}{\alpha\alpha}$,$\overset{\frown}{\beta\beta}$ 段实现了机构双侧停歇。

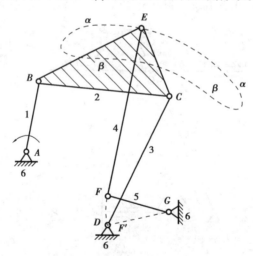

图 2.48　双侧停歇的六杆机构

1—曲柄 AB;2—连杆 BC;3—摇杆 CD;4—连杆 EF;5—摇杆 FG;6—机架

（5）行程放大机构

如图 2.49 所示的机构由曲柄摇杆机构 $ABCD$ 和导杆滑块机构 DEF 串联组成。该机构在较小的曲柄长度下能实现滑杆 6 的大行程往复移动,可用于梳毛机堆毛板的传动机构。如果直接采用曲柄滑块机构,则滑块的行程会受到曲柄长度的限制。

（6）摆角放大机构

如图 2.50 所示的六杆机构 $ABCDEF$,当曲柄 1 转动时,通过连杆 2 使摇杆 3 作一定角度的摆动,从而带动摇杆 5 摆动,使机构输出的摆动幅度增大,这种机构可以应用于缝纫机的摆梭机构。

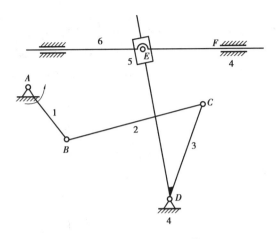

图 2.49　行程放大机构

1—曲柄 *AB*;2—连杆 *BC*;3—摇杆 *CD*;4—机架;5—滑块;6—滑杆

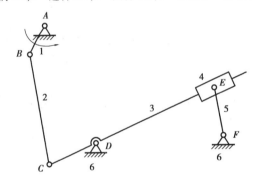

图 2.50　双摆杆摆角放大机构

1—曲柄 *AB*;2—连杆 *BC*;3—摇杆 *CD*;4—滑块;5—摇杆 *EF*

（7）送纸机构

如图 2.51 所示为平板印刷机的送纸机构。当双联凸轮 1 转动时,通过连杆机构使固联在连杆 3 上的吸嘴沿轨迹 *n—n* 运动,完成将纸吸起和送进的运动。

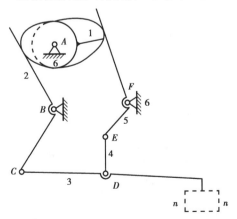

图 2.51　送纸机构

1—双联凸轮;2—摆杆 *BC*;3—连杆 *CD*;4—连杆 *DE*;5—摆杆 *EF*

(8)停歇机构

如图 2.52 所示,该机构主动件曲柄 1 旋转,通过曲柄摇杆机构 1—2—3—4,使与连杆 2 相连的滑块 5 运动,从而使导杆 6 摆动。连杆 2 上 E 点的轨迹 e 有一段近似直线 e_1—e_2。在该段轨迹上,滑块 5 在导杆 6 上滑动,从而使导杆实现单侧近似停歇。

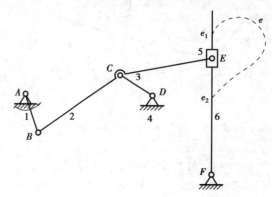

图 2.52 停歇机构

1—曲柄 AB;2—连杆 BC;3—摇杆 CD;4—机架;5—滑块;6—导杆

2.4.7 思考题

①组合机构有哪些组合原理? 每种组合原理的特点是什么?

②机构在安装时应注意什么?

平面组合机构设计实验预习报告

(注:同学们在上课前需完成预习报告,并交老师检查后方可进行实验)

(1)组合机构的组合原理

(2)你设计的组合机构的运动方案草图

(3)该机构的自由度分析

(4)你对所设计的组合机构的评价

2.5　慧鱼/Fischer Technik 机构创新设计及控制

【知识目标】

1. 熟悉机构原理与机械传动基础知识。
2. 熟悉机械设计中系统的布局及合理性。

【技能目标】

1. 能使用慧鱼创意模型组装出所设计的机构。
2. 能使用慧鱼创意模型编程实现所设计机构的功能。

2.5.1　实验设备

①慧鱼工业机器人Ⅱ(Fischer Industry Robots Ⅱ)组合模型包。
②慧鱼 ROBO TXT 控制器。
③慧鱼控制(Fischer Technik control set)模块。
④计算机。

2.5.2　实验内容

①使用计算机及 ROBO Pro 软件与接口板/传感器等实现基础模型控制方式。
②按照慧鱼创意模型使用手册中的示例,组装一种可控制机器人。

2.5.3　实验原理

1964 年慧鱼创意组合模型诞生于德国,为全世界数以亿计的慧鱼用户们带来了无穷无尽的乐趣。它是一种融趣味性和知识性于一体,从学龄前儿童到高校阶段都适用的教具;一个简单如结构认识,复杂到机器人技术的工具,目前已在高校的创新设计教学中被广泛使用。

在进行机构或产品的创新设计时,往往很难判断方案的可行性,如果把全部方案的实物都直接加工出来,不仅费时费力,而且很多情况设计的方案还需模型来进行实践检验,所有不能直接加工生产出实物。同时,现代的机械设计多数是机电系统的设计,设计系统不仅包含了机械结构,还有动力、传动和控制部分,每个工作部分的设计都会影响整个系统的正常工作。全面考虑这些问题来为每个设计方案制作相应的模型,无疑成本是高昂的,甚至由于研究目的、经费或时间的因素而变为不可能,这种情况下使用慧鱼创意模型是非常有利的。

(1)慧鱼创意组合模型

慧鱼创意组合模型由各种可相互拼接的零件组成。由于模型充分考虑了各种结构、动力、控制的组成因素,并设计了相应的模块,因此,可拼装成各种各样的模型,可用于检验学生的机械结构设计和机械创新设计是否合理可行。

慧鱼创意组合模型按照功能包分类如下:
①初级组合系列。初级包/初级组合包。
②基础类组合包。飞机/乐趣汽车/起重机/拖拉机等。

③拓展类组合包。马路清扫车组合包/遥控汽车组合包/消防车等。

④创意添加组合包配件。灯泡/远红外遥控添加组/可充电电源/创意三件添加组等。

⑤专业组合包。机械与结构组合包/达芬奇机械包/气动技术包Ⅱ/电子技术包等。

⑥机器人组合包。机器人起步组合包/ROBO 移动组/ROBO 探险家机器人/启动机器人/工业机器人Ⅱ/机器人起步技术包/仿生机器人等。

⑦机器人组合包配件。智能接口板/ROBO 接口板/ROBO 接口板扩展板/ROBO 无线射频通信模块/ROBO PRO 中文版软件。

慧鱼创意组合模型按照基本构件类型,可分为机械零件、电气零件和气动零件。

①机械零件

a.结构类零件。主要起联接作用,构成结构骨架,并承受一定的作用力,为其他类型的零件提供支持。它包括方形结构件、角块、连接块、销钉、连接杆、直角梁、平板、轴及弹簧等,如图 2.53 所示。

图 2.53　结构类零件

b.传动类零件。主要是将马达的输出转化为各种所需的形式,并传递动力与力,如图 2.54 所示。它包括齿轮、齿条、蜗杆、曲轴、铰链及齿轮箱等。

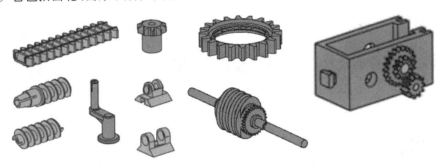

图 2.54　传动类零件

②电气零件

a.传感器类。用来将外部的各种信息(接触、光电、温度)的信息转换为电信号,发送给接口板进行逻辑控制,如图 2.55 所示。它包括微动开关、光敏二极管、颜色传感器、距离传感器、超声波传感器及 NTC 电阻等。

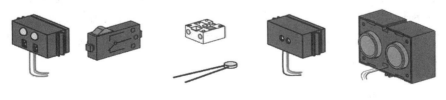

图 2.55　传感器类

b. 执行器类。通过电信号控制,将电能转换为其他形式的能量输出,如图 2.56 所示。它与传感器的功能刚好相反。它包括舵机、电灯、蜂鸣器、电磁铁及马达等。

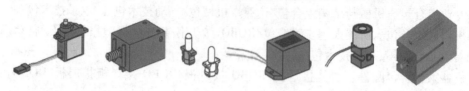

图 2.56　执行器类

c. 其他类型配件。电源、传输导线和控制接口板,如图 2.57 所示。

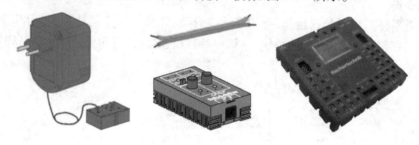

图 2.57　其他类型配件

③气动零件

通过气压完成传递动力,相比于机械传动,气压传动更灵活,便于传动件的位置布置,如图 2.58 所示。气动元件包括了气缸、气阀(手动、电磁阀)、软管、管接头(三通、四通)、储气罐及配件等。

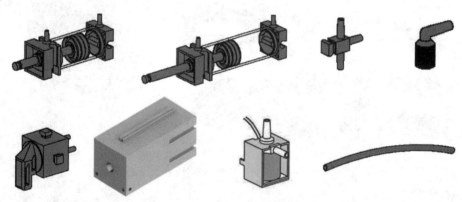

图 2.58　气动零件

(2)ROBO TXT 控制器

ROBO TXT 控制器是慧鱼接口板系列的第三代产品,是慧鱼创意组合模型的核心控制部分,是计算机和模型之间的通信连接部分,可把程序直接载入控制器内。它可接受传感器获得的信号,进行软件的逻辑运算、传输软件的指令来控制马达、灯泡以至整个慧鱼机器人,如图 2.59 所示。

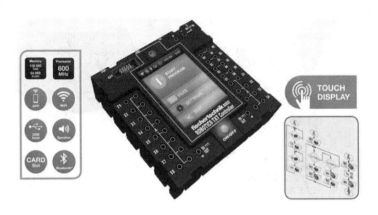

图 2.59　ROBO TX 控制器

TXT 控制器的组成及参数如下：

- 处理器：32 位 ARM Cortex A8 及 Cortex M3。
- 存储：128 MB DDR3 RAM，64 MB Flash 内存。
- 一个 Micro SD 卡插槽。
- 显示：带有 2.4 in 的彩色触摸屏，分辨率 320×240 像素。
- 通信：内置 Bluetooth/Wi-Fi RF 通信模块，支持 BT 2.1 EDR + 4.0，WLAN 802.11 b/g/n。
- 内置红外无线接收模块，适用于遥控套件。
- 声音：内置扬声器。
- 接口：4 路电机输出接口，容量 DC 9 V/250 mA（最高 800 mA），可软件控制实现无级调速，带有短路保护，也可作为 8 路单回路输出（如灯光）。
- 8 路通用输入接口，可接入 DC 0~9 V 数字量或 0~kΩ 模拟量。
- 4 路高频数字量输入，最高频率 1 kHz。
- 接口：1 个 USB2.0 计算机接口；1 个 USB2.0 视觉传感器接口；1 个 I2C 总线扩展接口。
- 软件：内置 Linux 操作系统，支持 ROBO Pro 编程软件、C 语言编译器等。
- 工作电压：DC 9 V。

（3）ROBO Pro **控制软件**

ROBO Pro 软件是针对 ROBO TX 控制器、ROBO 接口板的编程软件。ROBO Pro 软件使用流程图式的图框编辑过程，内含丰富成熟的程序包。方便学生只需进行简单的学习，加上已有逻辑思维能力，就可实现编制复杂程序的过程，从而可畅游于慧鱼创意世界之中。

1）ROBO Pro 用户界面

选择任务栏中"Fischer Technik ROBOTICS Terminal"程序，启动软件。在开始页面选择"SOFTWARE ROBO PRO"进入编程页面，如图 2.60 所示。窗口中有一个菜单栏和工具栏，左边的窗口里面还有各种不同的编程模块。开始时，请将菜单栏"Level"选项中选中"Level 1：Beginners"。

选择菜单栏"File"→"Open"，可在文件夹"C:\Proframs\ROBO Pro\Sample programs"中找到各种范例程序，如图 2.61 所示。

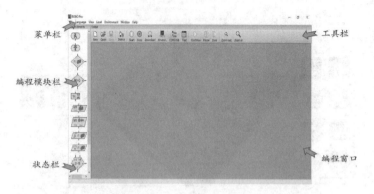

图 2.60　ROBO 开始界面

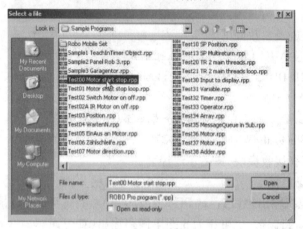

图 2.61　打开菜单栏

2）快速硬件测试

对 ROBO TXT 控制器，可用 USB 连接，也可用蓝牙进行连接。与计算机连接无误后，应用工具栏中的"Test"来检查接口板和模型硬件情况，单击该图标后自动弹出检测界面，如图 2.62 所示。

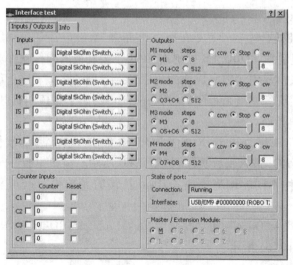

图 2.62　测试界面

该窗口显示了接口板有效的输入和输出。窗口下方的绿条显示了计算机和接口板的连接状态。正常情况下,鼠标点击界面上的输出端口或调整控制电机速度的滑块,模型上相应设备即作相应动作。

3)编程练习

请参照 ROBO Pro 软件手册,进行编程练习。ROBO Pro 为用户提供了 1—4 级的编程功能,用户可由浅入深地学习和熟悉各级常用的编程模块,如图 2.63 所示。

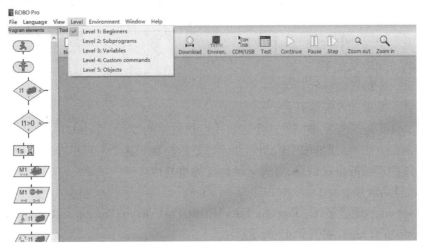

图 2.63　4 级编程功能

下面以三自由度机械手模型为例,示例编程过程。

按照拼装手册搭建三自由度机械手模型,如图 2.64 所示。三自由度机械手是典型的工业机器人,它可在 X,Y 和 Z 轴 3 个方向运动,模型模拟了工业生产的过程,实现物件的搬运。其中, X 轴:实现机械手水平转动;Y 轴:实现机械手伸缩;Z 轴:实现垂直方向的升降运动。

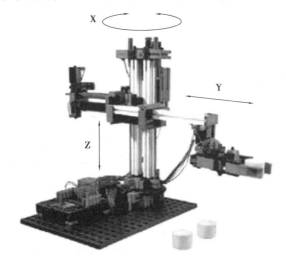

图 2.64　三自由度机械手

机械手参考坐标系见表 2.8。

表 2.8　三自由度机械手坐标系

运动形式	坐标轴	马达	接触开关	脉冲计数端口
旋转	X	M_1	I_1	C_1
机械手伸缩	Y	M_2	I_2	C_2
上升/下降	Z	M_3	I_3	C_3
抓手打开/闭合		M_4	I_4	C_4

马达旋转方向定义如下：

①逆时针。X 轴转向接触开关。

②顺时针。X 轴远离接触开关。

现在用 Teach-in 子程序来完成这个三自由度机械手的编程。Teach-in 子程序是一个用于工业模型的编程方法，可让机械手运动到任何想要的位置。这个子程序有存储记忆的功能，机械手可通过这些存储的位置信息，实现运动轨迹的重复性。

A. 下载、开启程序

下载 teach-in 示例程序，C:\Program Files\ROBOPro\Sample Programs\ROBO TX Automation Robots\TeachIn_TX. rpp. ，如图 2. 65 所示。

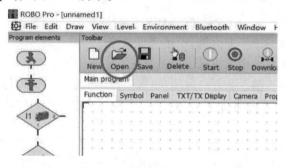

图 2.65　Tech-InOpen 菜单

启动 teach-in 程序如图 2. 66 所示。

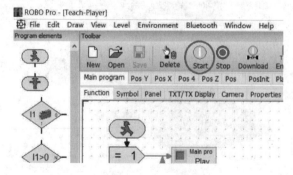

图 2.66　启动程序

单击"panel"图标，绘制控制面板，如图 2. 67 所示。

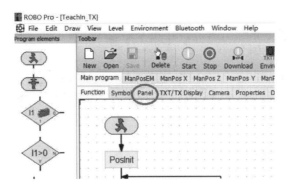

图 2.67　Panel 面板

B. 进入控制面板（见图 2.68）

■　控制机械手方向。

■　Home = 回到初始位置。

■　Enter = 保存当前位置。

■　Overwrite/Delete = 改变出口位置。

■　Arrow keys = 上一步/下一步位置。

■　Play = 启动程序,机械手按照设置轨迹运动。

■　Endless = 循环运动。

■　Stop = 停止。

■　Pause = 暂停。

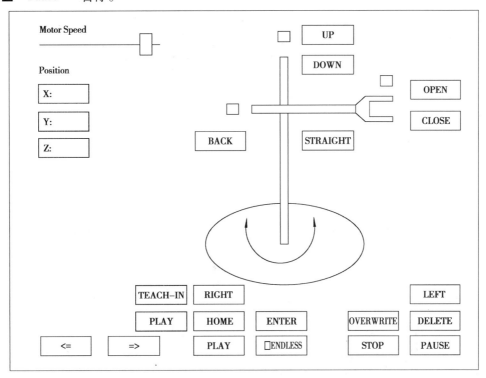

图 2.68　控制面板

C. 停止 teach-in 程序(见图 2.69)

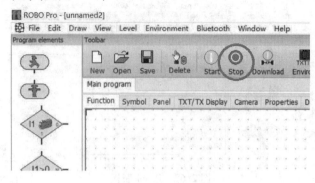

图 2.69　停止程序界面

D. 保存

关闭程序之前,请将运动轨迹的空间位置保存到一个".csv"类型的文件中,如图 2.70 所示。每次打开 teach-in 程序时,你可重新保存这些信息,否则这些数据将被删除。

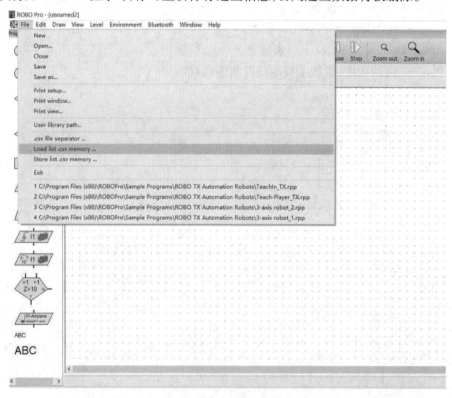

图 2.70　程序保存界面

2.5.4　实验步骤

①按安装步骤完成双轴焊接机器人模型机械部分的安装。

根据实验原理,并自行拟订技术参数,搭建一款如图 2.71 所示的双轴焊接机器人,要求能完成自行拟订的预期功能。相关功能与技术参数填入图 2.72 与表 2.9 中。

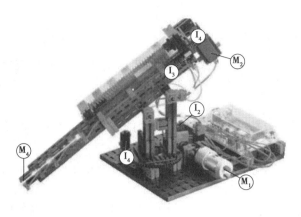

图 2.71　双轴焊接机器人

②分析模型的运动,完成图 2.72 及表 2.9 的内容。

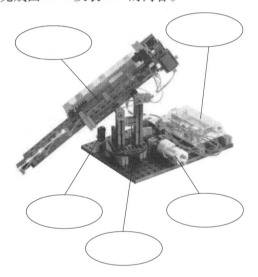

图 2.72　运动图解

表 2.9　双轴焊接机器人坐标系

运动形式	坐标轴	马　达	接触开关	脉冲计数端口
底座旋转				
焊头上升/下降				
焊头伸缩				

③完成模型与接口板、接口板与计算机之间的连接。

④分别测试马达、开关、灯及脉冲计数器,搞清马达、灯和接触开关的作用。

⑤运行 ROBO Pro 软件中给定的控制程序,或使用 Teach-in 子程序进行简单编程,实现空间定位焊接,并指出如何实现在同一平面内的点、线焊接。

⑥写出实验报告:说明模型的工作原理,指出程序中是如何判断焊接机器人到达焊点位置的,修改控制程序,实现同一平面点、线焊接,附上所编程序。

2.5.5 注意事项

①在进行模型的每一步搭建前,找出该步所需的零件,然后按照拼装图将这些零件一步一步搭建上去。在每一步的搭建基础上,新增加的搭建部分用彩色显示出来,已完成的搭建部分标为白色。

②按拼装顺序一步一步操作。注意需要拧紧的地方(如轮心与轴)都要拧紧,否则模型无法正常运行。

③模型完成后,检查所有部件是否正确连接,使模型动作无误。将执行构件或原动件调整到预定的起始位置。

④实验结束后,先清理所使用的模型包中零件的数量,并向实验指导教师报告模型包的完好情况,然后将模型包及实验资料锁进抽屉。

2.5.6 思考题

①是否可在三自由度机械手/焊接机器人上添加自己创新的结构并控制实现相应的功能?

②三自由度机械手程序如何控制完成有顺序的搬运工作?

③焊接机器人控制程序可实现不在同一平面内的 3 个点的点焊,那么如何实现在同一平面进行点/线焊相结合?

④焊接机器人程序如何控制电焊头到指定焊点位置?定位子程序和焊接子程序之间通过哪个接口量进行连接?

第 **3** 章
材料力学性能与强度测试

3.1 低碳钢与铸铁的拉伸

【知识目标】

1.观察低碳钢和铸铁在拉伸过程中的几何变形,验证拉伸变形平面假设条件和圣维南原理的几何基础。

2.获得低碳钢和铸铁在准静态变形速率下的拉伸载荷-变形曲线。

3.确定低碳钢的屈服强度 σ_s、抗拉强度 σ_b、伸长率 δ 及断面收缩率 ψ。

4.确定铸铁的抗拉强度 σ_b。

【技能目标】

1.能根据试样断口形貌结合理论知识,分析低碳钢和铸铁试样断裂的原因。

2.能根据断口分析结果和载荷-变形曲线,比较低碳钢与铸铁的力学性能。

3.能根据低碳钢和铸铁的力学性能,分析其适用工况,并能推而广之,总结出常见钢材的适用工况。

4.了解电子万能试验机的结构、工作原理和操作方法。

3.1.1 实验设备

①RGM-4300 微机控制电子万能试验机。

②游标卡尺。

③试样分划器。

3.1.2 实验内容

①对低碳钢和铸铁试样进行拉伸破坏试验,观察实验现象,获取载荷-变形曲线。

②计算低碳钢和铸铁的拉伸强度指标和韧性指标。

③分析断裂的原因,比较低碳钢与铸铁的力学性能。

3.1.3 实验原理

（1）试样

由于试样的形状及尺寸对试验的结果会有影响，为了避免这种影响，使各种材料的力学性能数据能相互比较，国家标准《金属材料室温拉伸试验方法》（GB/T 228—2002）对试样的尺寸和形状作了明确的规定。因此，必须按照此标准加工标准试样或比例试样。

试样常用圆形或矩形截面。圆形截面试样的形状如图 3.1 所示。试样中部长度 l_0 称为标距，用于测量拉伸变形。试样标距部分尺寸的允许偏差和表面光洁度，国家标准都有规定。试样分为标准试样和比例试样两种。两种都有长、短两类。对圆形截面试样，长试样 $l_0 = 10d_0$，常称十倍试样；短试样 $l_0 = 5d_0$，常称五倍试样。

实验中所用低碳钢试样为直径 $d_0 = 10$ mm 的十倍试样。

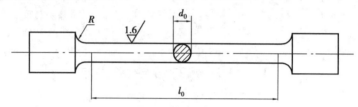

图 3.1 低碳钢拉伸试样

（2）过程分析

①RGM-4300 微机控制电子万能试验机由力传感器和驱动伺服电机主轴编码器测量试样拉伸过程中的载荷与变形信息，可绘出低碳钢的拉伸图如图 3.2（a）所示。由低碳钢的拉伸图可看出有下列特点：

a. 拉伸的初步阶段，变形随拉力成正比例增加。

b. 当拉力超过 P_p，即应力超过比例极限 σ_p 及弹性极限 σ_t 以后，拉伸曲线渐趋平缓，即变形比拉力增加得快，直到曲线上的 b 点，此后拉力在小范围内波动，不再增加，而变形继续增加，这种现象称为屈服。分析软件可自动标出下屈服极限对应的屈服载荷 P_s，由 P_s 可得试样屈服强度为

$$\sigma_s = \frac{P_s}{A_0} \tag{3.1}$$

式中 A_0——试样拉伸前横截面积。

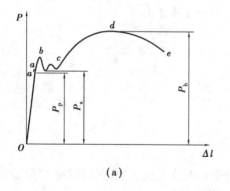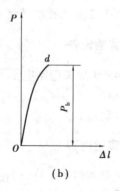

（a）   （b）

图 3.2 低碳钢、铸铁的拉伸载荷-变形曲线

c.屈服以后,试样恢复抵抗变形能力,拉力上升,其变形逐渐增加,进入强化阶段,到 d 点拉力达到最大值 P_b,随后发生颈缩现象,拉力自动减小,变形继续增加,最后试样在缩颈处断裂,如图 3.2(a)所示。由此可得试样的抗拉强度为

$$\sigma_b = \frac{P_b}{A_0} \qquad (3.2)$$

d.由断裂后试样缩颈处的直径 d_1 及标距长度 l_1,可得试样的断面收缩率 ψ 和伸长率 δ 为

$$\psi = \frac{A_0 - A_1}{A_0} \times 100\% \qquad (3.3)$$

$$\delta = \frac{l_1 - l_0}{l_0} \times 100\% \qquad (3.4)$$

e.试样断裂后标距 l_1 的测定方法是:将断裂试样的断口紧密对接在一起,并使两段的轴心线在一条直线上,然后测量标距长度。由于断口附近的塑性变形最大,离开断口越远,则塑性变形越小。因此,同一种材料的试样,断口在标距内的位置不同,其标距长度 l_1 也就不同。

f.低碳钢试样断裂时有很大塑性变形,断口为杯状,周围为 45°的剪切唇,断口组织为灰色纤维状,如图 3.3(a)所示,此种断口称为韧状断口。杯状断口形成原因为:拉伸试样颈缩部位芯部处于三向受拉状态,断裂破坏原因一定是拉应力。由材料力学知识可知,轴类零件单向受拉条件下,横截面上出现最大的正应力 σ_0,因而断面为横截面,形成杯底;试样颈缩部位表面处于单向受拉状态,由材料力学知识可知,轴类零件单向受拉条件下 45°斜面上出现最大的切应力,大小为 $\sigma_0/2$,可见试样断口处 45°剪切唇构成的杯壁形成原因是切应力,拉伸断口剪切唇的形成表明低碳钢的抗拉能力优于抗剪切能力。

(a)低碳钢韧状断口　　　　　　　　　　(b)铸铁脆状断口

图 3.3　试样断口形状

②由铸铁的拉伸曲线如图 3.2(b)所示,可看出有下列特点:

a.在拉伸直至断裂过程中拉力一直增加,无屈服现象。当拉力达到最大值 P_b 时,断裂突然发生,且无颈缩现象。

b.拉伸曲线的最初阶段弹性变形不随拉力成正比例增长。

c.铸铁试样拉断后,其伸长率很小。

由上述特点可知,铸铁拉伸实验时,一般只测出最大拉力 P_b,可得试样的抗拉强度 σ_b 为

$$\sigma_b = \frac{P_b}{A_0} \qquad (3.5)$$

d.铸铁试样断裂时几乎没有塑性变形,断口与轴线方向垂直,断口平齐,为闪光的结晶组织,此种断口称为脆状断口,如图 3.3(b)所示。由材料力学知识可知,该断面形成原因为拉应

力。因轴类零件单向受拉条件下 45° 斜面上出现的最大切应力大小为出现在横截面上的最大拉应力的 1/2,故并不能据此断面判定铸铁的抗剪切能力优于其抗拉能力。

3.1.4 实验步骤

(1)试样准备

在试样两端,根据标距长度 l 的要求,用试样分划器刻出不深的两道标距线,再用游标卡尺在试样标距范围内测量两端及中间 3 处截面的直径,要求测量精度至少达到 0.02 mm,在每一处截面的两个相互垂直方向各测量一次,取其平均值,并取 3 处截面中最小的平均直径来计算截面的面积 A_0。

(2)试验机准备

熟悉试验机的操作规程;打开试验机电源;打开操控软件选择"拉伸试验",注意将力、变形和小变形数据清零。

(3)装夹试样

打开液压夹头液压站电源;先将试样安装在试验机的上夹头内,按上夹头夹紧开关夹紧试样上端;用遥控器将下夹头移至合适位置按下夹头夹紧开关夹紧试样下端。

(4)进行实验

设置合适的控制方案,并根据方案设置合适的拉伸速率和逻辑条件。实验过程中,认真观察试样发生的变形现象和载荷-变形曲线的变化。

(5)结束实验

用遥控器将下夹头下移到合适位置,并通过上下夹头的松开开关取下试样,将断裂试样两段的断口紧密拼接在一起,用游标卡尺直接测量长度 l_1,并测量颈缩处断口(最小截面)的直径 d_1,应在断口两个互相垂直的方向各测量一次,取其平均值。

3.1.5 注意事项

①实验前,务必明确实验目的与实验内容。熟悉操作步骤及有关的注意事项,如有不清楚的地方,要进行分析、讨论或询问老师。

②实验时,必须严格遵守所使用仪器设备的操作规程。

③试样安装要正确,防止偏斜或夹入部分过短。

④试样装夹好之前,要将计算机控制界面载荷、变形和小变形数据清零。

⑤实验中,如听到试验机有异声或发生故障,应立即停机(即关断电源),待排除故障后,再进行实验。

⑥试样加载需缓慢均匀,拉伸过程中速度变化不能过大。

⑦实验结束后,应清理实验设备,整理好所用的仪器及工具。

3.1.6 思考题

①根据拉伸实验所见到的现象,说明低碳钢的力学性能。

②根据断口形貌,分析断口形成原因。

③说明由拉伸实验所确定的材料力学性能数值的实用价值。

3.2　低碳钢与铸铁的压缩

【知识目标】

1. 观察低碳钢和铸铁在压缩过程中的变形及破坏现象,考察实际压缩过程是否满足均匀变形条件。

2. 获得低碳钢和铸铁在准静态变形速率下的压缩载荷-变形曲线。

3. 确定低碳钢的抗压屈服强度 σ_s。

4. 确定铸铁的抗压强度 σ_b。

【技能目标】

1. 能根据试样断口形貌结合理论知识,分析低碳钢和铸铁压缩破坏的原因。

2. 能根据断口分析结果和压缩载荷-变形曲线,比较低碳钢与铸铁的力学性能。

3. 能根据低碳钢和铸铁的力学性能,分析其适用工况,并能推而广之,总结出常见钢材的适用工况。

3.2.1　实验设备

①RGM-4300 型微机控制电子万能试验机。
②游标卡尺。

3.2.2　实验内容

①对低碳钢和铸铁试样进行压缩破坏实验,观察实验现象。
②计算低碳钢和铸铁的抗压强度指标。
③分析破坏的原因,比较低碳钢与铸铁的力学性能。

3.2.3　实验原理

低碳钢(铸铁)等金属材料的压缩试样一般制成如图 3.4 所示的圆柱形。当试样承受压缩载荷时,其上下两端面与试验机支承垫之间产生很大的摩擦力,这些摩擦力阻碍试样上部及下部的横向变形(因此试样受压后变成鼓形)。若在试样两端面涂以润滑剂,就可减少摩擦力,试样的抗压能力将会有所降低。当试样的高度相对增加时,摩擦力对试样中部的影响将有所减小,因此,抗压能力与试样的高度 h_0 及直径 d_0 的比值 h_0/d_0 有关,比值越大,低碳钢(铸铁)的强度极限就越小。由此可知,在相同的实验条件下,才能对不同材料的压缩性能进行比较。金属材料压缩破坏实验所用的试样一般规定为 $h_0/d_0 = 1 \sim 3$。

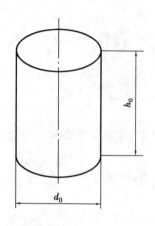

图 3.4　压缩试样

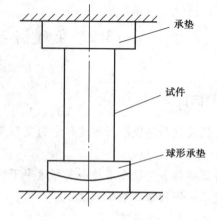

图 3.5　球形支承垫

　　为了使试样尽量承受轴向压力,试样两端面必须完全平行,并且与试样轴线垂直。其端面还应光滑,以减小摩擦力对实验结果的影响。试验机附有球形支承垫(见图 3.5),试验机球形支承垫位于试样下端面。当试样两端面稍有不平行时,球形支承垫可起调节作用,保证压力通过试样轴线。

　　实验时,微机控制电子万能试验机会实时显示低碳钢、铸铁压缩曲线,如图 3.6(a)、(b)所示。在低碳钢压缩曲线中,开始出现变形增长较快的非线性小段时,即达到了屈服载荷 P_s。但此时并不像拉伸那样有明显的屈服阶段。此后曲线继续上升(即载荷增长较快),这是因为随着塑性变形的增长,试样横截面面积也随之增大,而增大的面积能承受更大的载荷。从微观角度,缺陷带来的位错增殖、位错交割以及晶界对位错运动的拦阻等因素会导致硬化效应使变形变得困难。如图 3.7(a)所示,低碳钢试样最后可压成饼状而不破裂,因此,无法测定其破坏载荷,从而无法求出抗压强度。

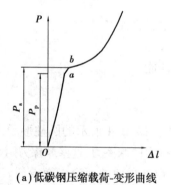

(a)低碳钢压缩载荷-变形曲线

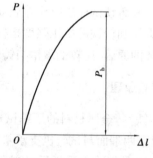

(b)铸铁压缩载荷-变形曲线

图 3.6　低碳钢与铸铁的压缩载荷-变形曲线

　　铸铁试样压缩时,在达到最大载荷 P_b 前会出现较小的塑性变形后才发生破裂(比铸铁拉伸时的塑性变形大得多)。如图 3.7(b)所示,铸铁试样最后被压成鼓形,断面与横截面夹角为 $55° \sim 60°$。破坏主要由切应力引起,但由于实际压缩过程并非理想的单向压缩,与支承垫接触的试样上下端面承受了不可忽略的向心摩擦力,因此,出现最大切应力的截面不再与轴线成 $45°$。

(a)低碳钢　　　　　　　　　　(b)铸铁

图3.7　低碳钢与铸铁试样压缩结果

3.2.4　实验步骤

（1）低碳钢压缩实验步骤

1）试样准备

用游标卡尺测量试样的直径 d_0。

2）试验机准备

选择万能试验机的下操作空间，并对载荷与位移数据清零。

3）安装试样

将低碳钢试样两端涂上润滑剂，然后准确地放在万能试验机球形支承垫的中心处。

4）检查及试车

检查活动横梁的上下限位点是否在正常位置；试车时，使活动横梁快速上升、下降；通过手动控制将活动横梁移动到压缩试样上方，略微留出一定的间隙。

5）进行试验

设置合适的控制方案，并根据方案设置合适的压缩速率和逻辑条件。实验过程中，认真观察试样发生的变形现象和载荷-变形曲线的变化。

6）结束实验

用遥控器将上夹头上移移到合适位置取出试样。

（2）铸铁压缩实验步骤

1）试样准备

用游标卡尺测量试样的直径 d_0。

2）试验机准备

选择万能试验机的下操作空间，并对载荷与位移数据清零。

3）安装试样

将铸铁试样两端涂上润滑剂，然后准确地放在试样机球形支承垫的中心处。

4）检查及试车

检查活动横梁的上下限位点是否在正常位置；试车时，使活动横梁快速上升、下降；通过手动控制将活动横梁移动到压缩试样上方，略微留出一定的间隙。

5）进行试验

设置合适的控制方案，并根据方案设置合适的压缩速率和逻辑条件。实验过程中，认真观察试样发生的变形现象和载荷-变形曲线的变化。在观察铸铁压缩变形过程时，要注意保持距离,避免试样破裂时碎片飞出伤人。

6)结束实验

用遥控器将上夹头上移到合适位置取出试样。

3.2.5 实验结果的处理

①根据实验记录,计算低碳钢的屈服强度 σ_s 为

$$\sigma_s = \frac{P_s}{A_0} \tag{3.6}$$

②根据实验记录,计算铸铁的抗压强度 σ_b 为

$$\sigma_b = \frac{P_b}{A_0} \tag{3.7}$$

式中 A_0——实验前试样的横截面面积,$A_0 = \pi d_0^2/4$。

3.2.6 注意事项

①实验前,务必明确实验目的与实验内容。熟悉操作步骤及有关的注意事项,如有不清楚的地方,要进行分析、讨论或询问老师。

②实验时,必须严格遵守所使用仪器设备的操作规程。

③试样安装要正确,防止偏斜或夹入部分过短。

④试样装夹好之前,要将计算机控制界面载荷、变形和小变形数据清零。

⑤实验中,如听到试验机有异声或发生故障,应立即停机(即关断电源),待排除故障后,再进行实验。

⑥试样加载需缓慢均匀,拉伸过程中速度变化不能过大。

⑦实验结束后,应清理实验设备,整理好所用的仪器及工具。

3.2.7 思考题

①比较低碳钢在拉伸与压缩加载下的力学性能。

②比较铸铁在拉伸与压缩加载下的力学性能。

③低碳钢拉伸时有 P_b,压缩时测不出 P_b,为什么说它是拉压等强度材料?为什么说铸铁是拉压不等强度材料?

④根据铸铁压缩破坏的形状,分析其破坏的原因。

3.3 低碳钢弹性模量测定

【知识目标】

1.在比例极限内验证虎克定律。

2.加深对弹性变形与塑性变形的认识。

【技能目标】

1. 掌握低碳钢弹性模量 E 的测量方法。
2. 能根据材料的强度指标,设计合理的加载方案。

3.3.1 实验设备

①RGM-4300 型微机控制电子万能试验机。
②YYU-25/50 型电子引伸计。
③游标卡尺。

3.3.2 实验内容

①测量低碳钢弹性模量 E。
②验证虎克定理。
③制订实验加载方案。

3.3.3 实验原理

(1)弹性模量的测量

测定低碳钢的弹性模量时,为了确保均匀变形,满足平面假设条件,应采用拉伸实验。低碳钢在比例极限内服从胡克定律:$\sigma = E\varepsilon$。在满足小变形与轴向均匀变形的条件下,由虎克定律导出变形 Δl 与载荷 P 的关系式为

$$\Delta l = \frac{Pl_0}{EA_0} \tag{3.8}$$

式中 l_0——原始标距长度;
A_0——试样原始横截面积。
由此可得

$$E = \frac{Pl_0}{\Delta l A_0} \tag{3.9}$$

试样的轴向变形量 Δl 由如图 3.8 所示的电子引伸计测得。通过式(3.9)即可计算出低碳钢的弹性模量 E。

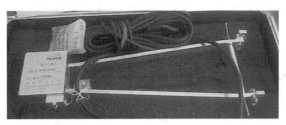

图 3.8 电子引伸计

(2)确定加载范围
确定加载范围应考虑以下两点:

①因胡克定律在线弹性范围内才有意义,故试样承受最大应力值不能超过比例极限。同时,为了确保试样拉伸过程中横截面积的变化在许可范围内,低碳钢加载上限一般不超过屈服强度 σ_s 的 70% ~ 80%。例如,Q235 低碳钢试样,$E = (2.0 \sim 2.2) \times 10^5$ MPa,$\sigma_s \approx 350$ MPa,$d_0 = 10$ mm,$A_0 = 78.5$ mm^2。取实验应力上限为屈服强度的 75%,则最终载荷为

$$P_n = 0.8\sigma_s A_0 = 20\ 606\ \text{N}$$

②由于实验开始阶段引伸计刀刃与试样之间,以及液压夹具与试样夹头之间往往存在微小滑动,试验机传动链存在微小间隙。因此,加载必须足够大,以避开实验开始阶段各类非线性因素带来的影响。

3.3.4 实验步骤

①试样准备。按引伸计的标距要求用试样分划器划两道不深的标距线。在试样的标距范围内,测量试样 3 个横截面处的直径,取 3 处直径的平均值(可称计算直径)作为试样的横截面积 A_0 的计算依据。

②制订加载方案,并按照加载方案,设定试验机加载上限、加载速率以及停机逻辑条件。

③检查及试车。检查活动横梁的上下限位点是否在正常位置;试车时,使活动横梁快速上升、下降。

④安装电子引伸计。小心、正确地安装电子引伸计,应使引伸计的两刀刃位于试样的标距处,并用橡皮筋将电子引伸计与试样可靠固定。

⑤按液压夹具上夹头夹紧开关夹紧试样上端,并将载荷、电子引伸计数据清零。

⑥通过手动控制将活动横梁移动到合适位置,并按液压夹具下夹头夹紧开关夹紧试样下端。

⑦进行实验。按照设定方案,从载荷零点开始加载,直至设定加载上限。

⑧手动操纵试验机横梁缓慢上移,直至计算机控制界面的压力传感器数据达到零附近。

⑨按液压夹具上下夹头松开开关,取下试样。

3.3.5 实验结果处理

①确定取点范围与载荷增量。应在载荷-变形曲线上线性较好的曲线段上取点,起始载荷应避开实验起始阶段的非线性部分,根据起始载荷、加载上限以及加载级数(取点数目)确定载荷增量,载荷增量 ΔP 原则上应大于刚好避开载荷-变形曲线起始非线性部分的载荷值。

②确定载荷增量后,通过"曲线遍历"功能读取选取点的载荷值 $P_0, P_1, P_2, P_3, P_4, \cdots, P_n$,以及轴向变形量 $\Delta l_0, \Delta l_1, \Delta l_2, \Delta l_3, \Delta l_4, \cdots, \Delta l_n$。

③计算相邻取点间的载荷增量和轴向变形增量,即

$$\Delta P_1 = P_1 - P_0 \qquad \delta_1 = \Delta l_1 - \Delta l_0$$
$$\Delta P_2 = P_2 - P_1 \qquad \delta_2 = \Delta l_2 - \Delta l_1$$
$$\Delta P_3 = P_3 - P_2 \qquad \delta_3 = \Delta l_3 - \Delta l_2$$
$$\vdots \qquad\qquad\qquad \vdots$$

$$\Delta P_n = P_n - P_{n-1} \qquad \delta_n = \Delta l_n - \Delta l_{n-1}$$

并按

$$E_i = \frac{\Delta P_i l_0}{\delta_i A_0}$$

计算出多个弹性模量,再按算术平均值计算出弹性模量的实验结果,即

$$E = \frac{E_1 + E_2 + \cdots + E_n}{n}$$

式中 n——加载级数。

3.3.6 注意事项

①试样加载需缓慢均匀。

②实验时,必须严格遵守所使用的试验机、仪器及量具等的操作规程。

3.3.7 思考题

①为什么要分段计算弹性模量?用此法测算得的弹性模量与一次就加载到最终值所测得的数据是否相同?

②试样的尺寸(d_0 及 l_0)对测定弹性模量有无影响?

③实际加载起始阶段非线性曲线产生的原因是什么?

3.4 低碳钢与铸铁的扭转

【知识目标】

1.观察低碳钢和铸铁在扭转过程中的几何变形,验证圆轴扭转平面假设条件。

2.获得低碳钢和铸铁在准静态变形速率下的扭矩-扭转角曲线。

3.测定低碳钢的扭转抗剪屈服强度 τ_s 和抗剪强度 τ_b。

4.测定铸铁的扭转抗剪强度 τ_b。

【技能目标】

1.能根据试样断口形貌结合理论知识,分析低碳钢和铸铁扭断破坏的原因。

2.能根据断口分析结果和扭矩-扭转角曲线,比较低碳钢与铸铁的力学性能。

3.了解电子扭转试验机的结构、工作原理和操作方法。

3.4.1 实验设备

①RNJ-1000 微机控制电子扭转试验机。

②游标卡尺。

3.4.2 实验内容

① 对低碳钢进行扭转破坏实验,观察低碳钢扭转的现象,分析断裂的原因。

② 对铸铁进行扭转破坏,观察铸铁扭转的现象,分析断裂的原因。

③ 计算低碳钢的扭转抗剪屈服强度 τ_s 和抗剪强度 τ_b。

④ 计算铸铁的扭转抗剪强度 τ_b。

3.4.3 实验原理

圆轴受扭时,试样横截面处于纯切应力状态,因此,通常用扭转实验来研究不同材料在纯剪切作用下的力学性能。

（1）低碳钢试样的扭转

低碳钢试样在受到扭转的整个过程中,电子扭转试验机通过扭矩传感器和驱动电机主轴编码器获取扭矩和扭转角信号,由控制软件绘制 M_n-φ 关系曲线,如图 3.9 所示。当扭矩在比例扭矩 M_p 以内,材料处于线弹性状态,OA 段为一直线,扭矩 M_n 与扭转角 φ 呈正比关系变化。试样横截面上的剪应力分布如图 3.10(a) 所示。当扭矩增大到 M_p 时,试样横截面外圆处的切应力（最大切应力）为材料的比例强度 τ_p,如图 3.10(b) 所示。当扭矩超过 M_p 后,试样横截面上的切应力分布方式发生变化,首先是横截面外圆处的材料发生了屈服（即流动）,周边形成环形塑性区,此区域内切应力达到抗剪屈服强度 τ_s,切应力分布如图 3.10(c) 所示。随着扭矩继续增大,塑性区的切应力达到 τ_s 后并不继续增大,而是如图 3.10(c) 所示不断向内拓展,M_n-φ 曲线稍微上升,到 B 点后至 B' 点趋于水平,即材料完全达到屈服,扭矩不再增加,B 点对应的扭矩即为屈服扭矩 M_s,此时塑性区已扩展到整个截面,横截面上的切应力分布如图 3.10(d) 所示,即当 M_n 达到 M_s 时,横截面上各点的剪应力大小均相同,且都为 τ_s,故由图 3.10(e) 得

$$M_s = \int_A (\tau_s dA) \cdot \rho \tag{3.10}$$

式中,τ_s = 常数,且 $dA = 2\pi\rho d\rho$,则

$$M_s = \tau_s \int_0^R \rho \cdot 2\rho \cdot \pi \cdot d\rho = \frac{2\pi R^3}{3} \cdot \tau_s = \frac{4}{3} \cdot \frac{\pi R^3}{2} \cdot \tau_s = \frac{4}{3} W_n \cdot \tau_s \tag{3.11}$$

$$\tau_s = \frac{3}{4} \cdot \frac{M_s}{W_n} \tag{3.12}$$

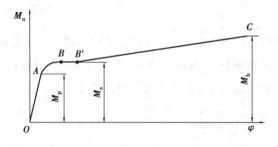

图 3.9 低碳钢扭矩-扭转角曲线

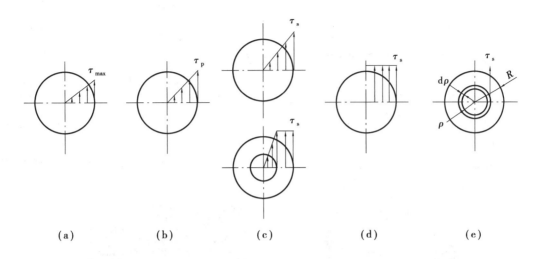

图 3.10　扭转变形横截面剪应力分布

过了屈服阶段以后,因材料的强化,故又恢复了承载能力,但扭矩增加缓慢,而变形(扭转角 φ)增长很快,$B'C$ 段近似一根直线,到达 C 点时,试样被切断,对应的扭矩即最大扭矩 M_b,此时横截面上各点切应力仍与图 3.10(d)相似,呈均匀分布,且都为 τ_b。显然有

$$\tau_b = \frac{3}{4} \cdot \frac{M_b}{W_n} \tag{3.13}$$

(2)铸铁试样的扭转

铸铁试样从开始承受扭矩直到被破坏,其 M_n-φ 关系曲线近似为一条直线,如图 3.11(a)所示。可知,铸铁试样扭转过程中变形(扭转角 φ)较小,且无屈服现象。试样外缘处切应力达到 τ_b 时发生断裂。断裂时刻横截面上的切应力分布如图 3.11(b)所示。由静力平衡关系可得

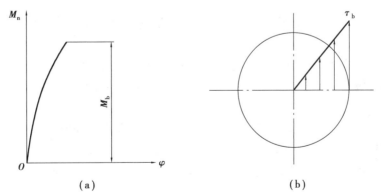

图 3.11　铸铁转角扭矩及应力分布曲线

$$M_b = \int_A \left(\frac{\rho}{R} \tau_b dA \right) \cdot \rho \tag{3.14}$$

式中,τ_b = 常数,且 $dA = 2\pi\rho d\rho$,则

$$M_b = \tau_b \int_0^R \frac{\rho}{R} \cdot \rho \cdot 2\rho \cdot \pi \cdot d\rho = \frac{\pi R^3}{2} \cdot \tau_b = W_n \cdot \tau_b \tag{3.15}$$

试样破坏后记录其最大扭矩 M_b,即可计算铸铁抗剪强度 τ_b 为

$$\tau_{\mathrm{b}} = \frac{M_{\mathrm{b}}}{W_{\mathrm{n}}}$$

(3.16)

(3)低碳钢、铸铁扭转破坏断面形状及形成原因

受扭圆轴试样最大切应力出现在外圆处,试样表面处于平面应力状态。根据材料力学平面应力状态理论对由表面取出的正六面体微元体进行应力状态分析可知,微元体最大切应力出现在与竖直方向成0°夹角的截面上,最大的拉应力与压应力分别出现在微元体与竖直方向成 ±45°角的斜截面上,并且正应力与切应力的极值大小均为同一数值。拉伸试验的断口已证明低碳钢的抗拉压能力强于其抗剪能力,故如图 3.12(a)所示从横截面切断。而铸铁如图 3.12(b)所示的 45°螺旋面断口证明了其抗拉能力最弱。

(a)低碳钢   (b)铸铁

图 3.12 低碳钢、铸铁扭转破坏断面形状

3.4.4 实验步骤

①试样准备。沿试样轴向等间距测量 3 处位置的直径 d,每处位置相隔 90°各测一次并求平均值,以最小平均直径作为计算直径;在试样的表面上用有色笔沿轴向和径向画线绘制矩形方格,以便观察变形及破坏情况。

②试验机准备。熟悉试验机的操作规程;打开试验机电源;打开控制软件,将扭矩、扭转角和小变形数据清零。

③装夹试样。试样一端的头部完全置于固定夹头中并夹紧,然后调整活动夹头的位置,使试样另一端的头部完全置于其中并夹紧。注意,要保证试样夹紧后初始扭矩为正值,使试样扭转过程中不打滑。

④进行试验。选择合适的控制方案,并根据方案设置合适的变形速率和逻辑条件。实验过程中,认真观察试样发生的变形现象和扭矩-扭转角曲线的变化。

⑤观察低碳钢、铸铁试样断口,画出断口形状草图,分析断口形成原因。

3.4.5 实验结果的处理

①按计算直径 d(最小平均直径)计算抗扭截面模量($W_{\mathrm{n}} = \pi d^3/16$),并将计算结果填入表格。

②根据低碳钢试样的屈服扭矩,计算其抗剪屈服强度 τ_{s}。

③根据低碳钢试样的最大扭矩 M_{b},计算其抗剪强度 τ_{b}。

④根据铸铁试样的最大扭矩 M_{b},计算其抗剪强度 τ_{b}。

3.4.6　思考题

①根据低碳钢和铸铁的拉伸、压缩和扭转 3 种实验结果,分析总结两种材料的力学性能。

②低碳钢与铸铁试样扭转破坏的情况有什么不同? 为什么?

③扭转试样上的标距刻线在扭转后发生了哪些变化? 说明什么原理?

3.5　低碳钢切变模量的测定

【知识目标】

1. 测定 Q235 低碳钢切变模量 G。

2. 验证扭转胡克定律。

【技能目标】

1. 能全面考虑测量仪器精度、人为读数误差的影响,设计合理的加载方案。

2. 了解扭角仪工作原理和使用方法。

3. 了解电子扭转试验机的结构、工作原理和操作方法。

3.5.1　实验设备

①RNJ-1000 微机控制电子扭转试验机。

②扭角仪。

③游标卡尺。

3.5.2　实验内容

①测定低碳钢的切变模量 G。

②学习扭角仪的原理及使用方法。

3.5.3　实验原理

圆轴受扭转时,横截面处于纯剪切应力状态。因此,常用扭转试验来研究不同材料在纯剪切作用下的力学性能。

如图 3.13 所示为受扭转作用的圆轴。其两端分别作用着外力偶 M_e,此段轴各横截面上的扭矩 $M_n = M_e$。横截面 Ⅱ 相对于横截面 Ⅰ 产生的扭转角为 φ,在材料的剪切比例强度内时,由扭转理论可知,扭转角 φ 与扭矩 M_n 的关系为

$$\varphi = \frac{M_n l}{G I_P} \tag{3.17}$$

式中　l——轴上 Ⅰ, Ⅱ 横截面间的距离;

　　　I_P——横截面的极惯性矩。

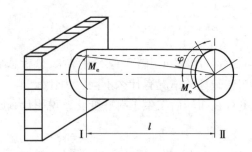

图 3.13 受扭矩的圆轴

实验时采用等增量加载法逐级加载,每增加同样大小的扭矩 ΔM_n,如扭转角的增量 $\Delta \varphi$ 基本相等,则验证了扭转胡克定律。实验时,用扭角仪测出各级载荷作用下的扭转角 φ_i 就可计算出各级扭转角的增量 $\Delta \varphi_i$。确定等增量加载法的加载方案应考虑下面 4 点:

①因扭转胡克定律在线弹性范围内才成立,故试样承受最大应力值不能超过比例极限。

②由于夹头与试样之间,以及试验机传动链各环节存在微小间隙,因此,必须施加初始载荷,以避开实验开始阶段各类非线性因素带来的影响。

③初始载荷大于或等于每次的增量载荷。

④至少应有 4~6 级加载,每级加载应使扭角仪百分表读数有足够大的变化,要考虑人为读表误差所占比例必须在允许的范围内,结合本实验采用试样的几何参数与百分表测量精度,本实验建议 $\Delta M_n \geqslant 5$ N·m。

在低碳钢试样上安装扭角仪测量扭转角,如图 3.14 所示。按选定的标距 l_0 用刻线机刻划两条标距线,将扭角仪的 A,B 两个环分别固定在两端标距线处,加载后标距线处两横截面发生相对转动,由百分表测出距试样轴心线距离为 b,且分别在 A 和 B 横截面上两点的相对位移 $\delta(\text{mm})$(设百分表的大指针相应转过 N 格),则

$$\delta = N/100 \tag{3.18}$$

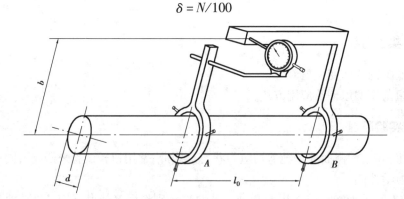

图 3.14 扭角仪安装示意图

A,B 两横截面的相对转角(即 AB 段轴的扭转角)为

$$\phi = \frac{\delta}{b} = \frac{\dfrac{N}{100}}{b} = \frac{N}{100b} \tag{3.19}$$

根据测算得的各级扭转角的增量 $\Delta \varphi_i$ 及式(3.17),可得

$$G_i = \frac{\Delta M_\mathrm{n} l_0}{\Delta \varphi_i I_\mathrm{p}} \quad\quad\quad (3.20)$$

因此,由实验得到材料的切变模量为

$$G = \frac{G_1 + G_2 + G_3 + \cdots + G_n}{n} \quad\quad\quad (3.21)$$

验证扭转虎克定律也可用作扭转曲线图(即 M_n-φ 图)的方法来进行,即将各级加载值(即扭矩 $M_{\mathrm{n}i}$)及其测算得的相应的扭转角 φ_i 分别作为纵、横坐标值绘图,如扭转曲线近似一条直线,这就验证了扭转虎克定律。

3.5.4　实验步骤

(1)试样准备

①用游标卡尺测量试样的直径。用刻线机在试样标距两端刻划圆周线。

②把扭角仪的两个圆环套在试样上(暂不固定),将试样装入扭转试验机的夹头内。

③根据低碳钢的剪切屈服极限 τ_s 及扭角仪的量程,拟订加载方案。

(2)试验机准备

熟悉试验机的操作规程;打开试验机电源;打开控制软件,将扭矩、扭转角和小变形数据清零。

(3)安装扭角仪

①把 A,B 两圆环上的螺母拧紧,保证两圆环的间距为标定距离 80 mm,并尽量使两圆环的轴心线与试样的轴心线重合。

②把百分表紧固在 A 环上,用游标卡尺测量试样轴心线到百分表顶杆端头的实际距离 b,并测量实际的标距长度 l_0。

(4)进行实验

合理设置控制软件加载程序,保证加载过程缓慢均匀,每增加一次扭矩 ΔM_n 试验机保载 5 s,记录扭角仪的读数一次,加载到最终载荷(切勿超过比例极限 M_p)为止。

(5)结束工作

用慢速反向缓慢卸载到零为止。

3.5.5　实验结果的处理

①以扭矩 M_n 为纵坐标,扭转角 φ 为横坐标,作弹性变形阶段的 M_n-φ 图。

②计算每次的切变模量 G_i,再取其算术平均值即得材料的切变模量 G。

3.5.6　思考题

实验采用何种加载方法? 应考虑哪些问题?

第 **4** 章

机械结构与性能测试

4.1 带传动的滑动率及效率测定

【知识目标】

1. 了解带传动的弹性滑动和打滑现象,验证带传动原理。
2. 了解从动轮负载的改变对带传动性能的影响。
3. 了解初拉力对带传动性能的影响。

【技能目标】

1. 理解带传动中的弹性滑动和打滑现象,以及它们与带传递载荷之间的关系。
2. 绘制带传动的弹性滑动曲线和效率曲线。
3. 掌握带传动中转矩和转速的测定方法。
4. 理解带传动实验台的结构、工作原理和操作方法。

4.1.1 实验设备

①PC-B 型带传动实验台。
②砝码、绘图工具。

4.1.2 实验内容

①测试带传动在不同初拉力下,载荷与滑动率、效率的关系。
②绘制带传动的滑动率曲线和效率曲线。

4.1.3 实验原理

(1)带传动原理
1)带传动的初拉力与有效圆周力
带传动是利用传动带作为拉拽原件而进行工作的一种摩擦传动形式。带传动的特点是运转平稳,噪声小,同时兼有吸振、缓冲作用。当负载过大时,皮带与带轮之间会发生打滑,从而使其他零部件不至于被损坏,因此,带传动具有过载保护作用。在近代机械中,带传动已得到广泛应用。

带在传动时,由带和带轮接触面上摩擦力的作用,带进入主动轮的一边被拉紧,退出主动轮的一边被放松,带的紧边拉力 F_1 和松边拉力 F_2 之差就是带传动所能传递的有效圆周力 F。紧边拉力 F_1 和松边拉力 F_2 之间的临界值存在关系为

$$F_1 = F_2 e^{f\alpha} \tag{4.1}$$

式中　e——自然对数之底数;

　　　f——带与带轮间的摩擦系数;

　　　α——带轮的包角。

当初拉力 F_0 一定时,带传动的最大有效圆周力为

$$F_{max} = 2F_0 \frac{1 - \dfrac{1}{e^{f\alpha}}}{1 + \dfrac{1}{e^{f\alpha}}} \tag{4.2}$$

2)带的弹性滑动与打滑

带是弹性体,在拉力作用下会发生弹性伸长。在传动过程中,紧边和松边上的拉力不等,带在进入主动轮时会一边随主动轮前进,一边向后收缩,而在进入从动轮时会一边随从动轮前进,一边向前伸长,从而形成带与带轮之间的相对滑动,称这种滑动为弹性滑动。弹性滑动的存在,导致从动轮上的圆周速度低于主动轮的圆周速度,即产生了速度损失。通常以滑动率 ε 来表示这种速度损失的大小。其定义式为

$$\varepsilon = \frac{v_1 - v_2}{v_1} \times 100\% \tag{4.3}$$

式中　v_1——主动轮的圆周速度;

　　　v_2——从动轮的圆周速度。

一般来说,带与带轮接触的弧长上不全会发生弹性滑动,接触弧长分为滑动弧和静弧,其对应的中心角分别称为滑动角 α' 和静角 α''。当带不传递载荷时,滑动角为零,随着载荷的增加,滑动角逐渐增大,而静角逐渐减小,当滑动角等于包角 α 时,带传动的有效圆周力达到最大。此时,若载荷进一步增大,带与带轮之间就会打滑,从而导致带传动失效。带传动失效后,带与带轮之间急剧摩擦,带工作面上温度上升,磨损加剧。因此,传动过程中应避免出现打滑现象。

3)带传动的效率

由于带传动过程中存在滑动损失、滞后损失和轴承的摩擦损失等,因此,带传动的输出功率不可能等于输入功率。为了表示带传递功率的能力,可定义带传动的效率为

$$\eta = \frac{T_o n_o}{T_i n_i} \tag{4.4}$$

式中　T_o,n_o——从动轮输出的转矩和转速;

　　　T_i,n_i——主动轮输入的转矩和转速。

(2)实验台结构及工作原理

1)实验台结构

实验台机械部分主要由两台电机组成,两台电机均为悬挂支承。如图 4.1 所示为实验台

的组成结构。其中,主动电动机的基座设计成浮动结构,与牵引绳、定滑轮和砝码一起组成初拉力调节机构,通过改变砝码的大小,可调节带传动初拉力 F_0 的大小。当带轮传递载荷时,作用于电机定子上的转矩使杠杆作用于压力传感器。压力传感器输出的电信号的大小正比于作用于电机定子上的转矩。两电机的转速通过红外光电传感器测量。

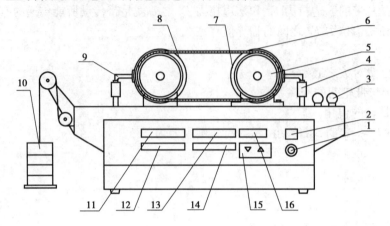

图 4.1　实验台的组成结构

1—调速旋钮;2—电源开关;3—灯泡;4—压力传感器;5—从动带轮;6—传动皮带;

7—从动直流发电机;8—主动直流电动机;9—杠杆;10—砝码;11—主动带轮转矩数码显示管;

12—主动带轮转速数码显示管;13—从动电机转矩数码显示管;14—从动带轮转速数码显示管;

15—载荷调节按钮;16—载荷数码显示管

2)实验台加载系统

直流电机驱动主动轮,从动轮带动直流发电机,直流发电机的输出电压直接作用于负载电阻,负载电阻的大小可由计算机直接控制。通过改变负载电阻的大小,使直流发电机的输出功率逐级增加,从而使主动电动机的负载功率逐级增加,即改变了带传动的传递功率。如图4.2所示为直流发电机加载示意图。

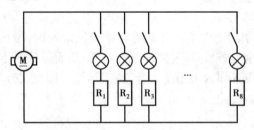

图 4.2　直流发电机加载示意图

3)实验台测试系统

实验台的测试系统位于实验台内,主要具备数据实时采样、数据处理、自动显示功能,还具有与计算机进行通信的能力,便于应用计算机进行数据计算、结果显示和加载控制。如图 4.3所示为实验台测量系统原理图。

4)实验台主要参数

实验台主要参数见表4.1。

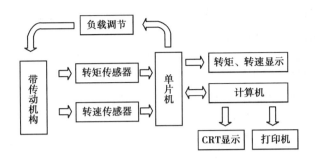

图 4.3　实验台测量系统原理图

表 4.1　实验台主要参数

直流电机功率	355 W	直流电动机调速范围	50 ~ 1 500 r/min
皮带初拉力	20 ~ 30 N	杠杆测力臂长度	120 mm
皮带轮直径	120 mm	带轮中心距	200 mm

4.1.4　实验步骤

①接通实验台和计算机电源。

②将实验台 RS232 串口与计算机串口相连。

③增减砝码质量,设置带传动的初拉力 $F_0 = 20$ N。

④打开实验台电机电源,缓慢将电机转速加速到 1 200 ~ 1 300 r/min。

⑤待电机转速稳定一段时间后,进入带传动实验测试分析系统界面。如图 4.4 所示为带传动实验测试分析系统界面。

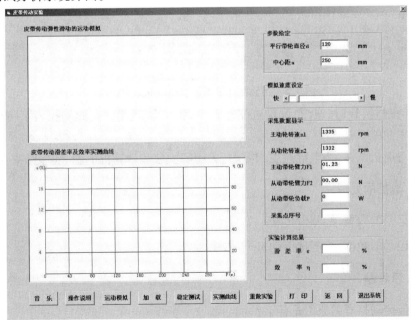

图 4.4　带传动实验测试分析系统界面

77

⑥在未对直流发电机进行加载之前,单击"稳定测试"按钮,记录零负载的各项数据,计算机自动计算出带传动的滑动率和效率。

⑦单击"加载"按钮,对直流发电机加载。

⑧待电机转速稳定后,单击"稳定测试"按钮,记录本次加载后的各项数据。

⑨逐次对直流发电机加载,并记录每次加载后的数据。

⑩当带传动的滑动率达到10% ~ 15%时,带传动基本失效。此时,单击"实测曲线"按钮,计算机自动绘制带传动随负载功率变化的滑动率曲线和效率曲线。如图4.5所示为实验测试的滑动率曲线和效率曲线。

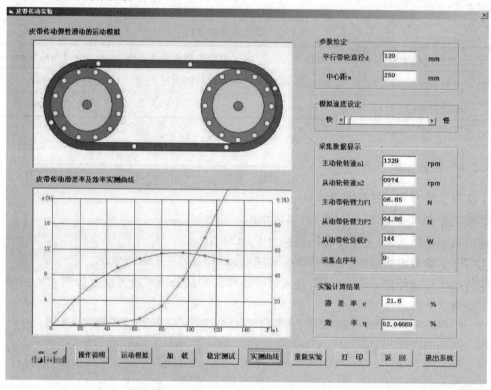

图4.5　实验测试的滑动率曲线和效率曲线

⑪单击"重做实验"按钮,并设置初拉力 $F_0 = 30$ N,重新测试在此初拉力下带传动的滑动率曲线和效率曲线。

⑫缓慢对电机减速,待电机速度为零时,关闭实验台和计算机电源,实验结束。

4.1.5　数据的处理

①根据记录的数据,绘制带传动 $\varepsilon\text{-}T_o$ 曲线。

②根据记录的数据,绘制带传动 $\eta\text{-}T_o$ 曲线。

4.1.6　思考题

①引起带传动打滑的原因是什么?

②提高带传动能力有哪些措施?

③如何进行带的预紧控制?

4.2 链传动速度波动分析与测试

【知识目标】

1. 了解链传动的结构及原理。
2. 了解链传动的类型。
3. 了解链传动多边形效应对传动的影响。

【技能目标】

1. 掌握链传动传动比的计算。
2. 掌握链传动中转矩和转速的测定方法。

4.2.1 实验设备

①HH-LC-1A 型智能链传动实验台。
②HH-LC-1B 型智能链传动实验台。

4.2.2 实验内容

①测试链传动速度不均匀曲线。
②测试链传动实时传动比曲线。
③对比单节距和双节距链传动。

4.2.3 实验原理

(1)传动原理

链传动中链条的链节与链轮齿相啮合,可看成将链条绕在正多边形的链轮上,该正多边形的边长等于链条的节距 P,边数等于链轮齿数 z,链轮每转一周,随之转过的链长为 zP,故链条的平均速度 v 为

$$v = \frac{z_1 n_1 P}{60 \times 1\,000} = \frac{z_2 n_2 P}{60 \times 1\,000} \tag{4.5}$$

式中　z_1, z_2——主、从动链轮的齿数;

　　　n_1, n_2——主、从动链轮的转速;

　　　P——链的节距。

链条传动的瞬时传动比为

$$i_{12} = \frac{\omega_1}{\omega_2} = \frac{R_2 \cos \gamma}{R_1 \cos \beta} \tag{4.6}$$

式中　ω_1, ω_2——主、从动链轮的角速度;

　　　R_1, R_2——主、从动链轮的半径;

β,γ——链节铰链在主、从动链轮上的相位角。

随着 β 角和 γ 角的不断变化,链传动的瞬时传动比也是不断变化的。当主动链轮以等角速度回转时,从动链轮的角速度将周期性地变动,链传动在工作过程中的这种不均匀性特征是因围绕在链轮上的链条形成了正多边形这一特点所造成的,故称链传动的多边形效应。链轮齿数 z 越少,链条节距 P 越大,链传动的运动不均匀性越严重。

（2）**实验台结构**

本实验台机械部分主要由 1 台直流电机、主从动链轮和 1 台磁粉制动器组成传动链。其中,直流电机为驱动电机,磁粉制动器为传动负载。驱动电机和负载通过链传动实现动力传递。其结构原理如图 4.6 所示。

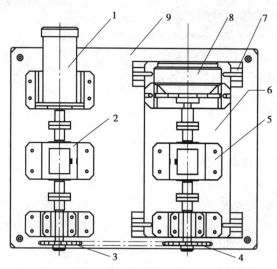

图 4.6　链传动实验台结构

1—驱动电机;2—主动系统测试传感器;3—主动链轮;4—从动链轮;

5—从动系统测试传感器;6—移动底板;7—调节滑槽;8—磁粉制动器;9—底箱模块

HH-LC-1A/HH-LC-1B 实验台主要参数见表 4.2。

表 4.2　HH-LC-1A/HH-LC-1B 实验台主要参数

电机功率	500 W	扭矩范围	0 ~ 50 N·m
测量精度	±5%	调速范围	0 ~ 1 000 r/min
链轮（链号:12A）	主动链轮	$z = 21$	$P = 19.05$ mm
	从动链轮	$z = 25$	$P = 19.05$ mm

（3）**测试系统原理**

测试系统安装于底箱内,具有数据采集、处理及信息传输功能,测试及处理的数据传输至计算机进行数据计算机实验结果显示。测试系统原理如图 4.7 所示。

实验台配数据采集箱一只,承担数据采集、数据处理、信息记忆、自动显示等功能。实时显示链传动过程中主动轮转速、转矩和从动轮转速、转矩值。通过协议接口外接 PC 机,显示并打印输出带传动的效率曲线及相关数据。

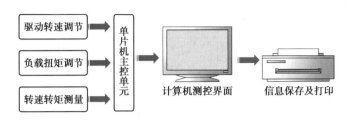

图 4.7 测控系统原理

（4）测试软件操作界面及说明

链传动实验台软件操作界面如图 4.8 所示。

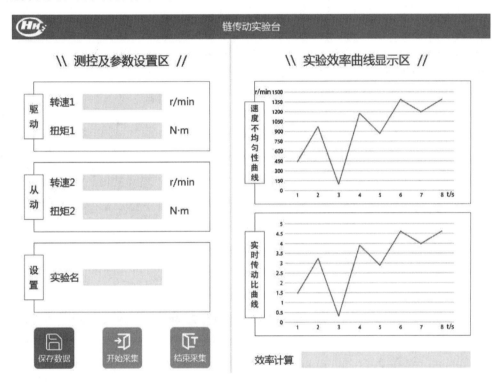

图 4.8 链传动实验台软件操作界面

操作说明如下：

①在实验台操作面板上选择自动模式，如图 4.9 所示。

②根据实验方案，设置实验名，通过调节滑槽调整传动链的张紧程度和从动扭矩，单击"保存数据"按钮。

③确认设备状态正常，软件界面数据输入完成后，单击"开始采集"按钮。

④完成实验要求的数据采集后，单击"结束采集"按钮，同时生成效率曲线和实时传动比曲线，并显示平均传动效率。

⑤保存数据及相应曲线，并根据需求打印曲线。

4.2.4 实验步骤

①检查链轮状态，并将数据串口与计算机串口相连。

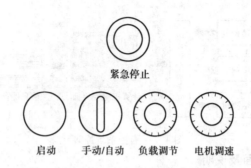

图4.9 操作面板示意图

②打开电源,并将电机调整至实验转速。
③旋转载荷加载旋钮,逐步将载荷加载至实验设定值。
④观察实验数据,对比主动轮与从动轮的转速与扭矩差别,并记录相关实验数据。
⑤完成实验,旋转加载旋钮,逐步将载荷完全卸载。
⑥旋转转速加载旋钮,逐步将转速完全将至零点后关闭电源。

4.2.5 注意事项

①若显示数据失常,重启一次电源即可。
②启动电机之前,应关闭负载。

4.2.6 思考题

①链传动的传动效率与哪些因素有关?
②怎么改善链传动的运动不均匀性?

4.3 液体动压滑动轴承油膜压力与摩擦系数测定

【知识目标】

1.了解油膜压力周向分布和轴向分布规律。
2.了解载荷和转速与油膜压力的变化之间的关系。
3.了解流体动压轴承摩擦特性曲线。

【技能目标】

1.根据测试数据,绘制油膜压力周向分布曲线、轴向分布曲线和摩擦特性曲线。
2.掌握计算滑动轴承油膜平均压力的计算方法。
3.掌握计算滑动轴承的油膜承载能力的计算方法。

4.3.1 实验设备

HS-B型流体动压滑动轴承实验台。

4.3.2　实验内容

①测试并绘制滑动轴承油膜压力周向及轴向分布曲线。
②测试并绘制滑动轴承摩擦特性曲线。
③计算滑动轴承的平均油膜压力和油膜承载能力。

4.3.3　实验原理

(1)滑动轴承工作原理

滑动轴承因其结构简单、制造方便、成本低廉、运转平稳,对冲击和振动不敏感,以及寿命长等特点,在高速、高精度、重载、强烈冲击以及特殊工作条件的场合得到广泛的应用。

1)油膜承载机理

滑动轴承工作时,利用轴颈的回转,把润滑油带入轴颈和轴承工作表面之间,从而形成油膜。在一定条件下,当油膜厚度超过轴颈和轴承工作表面微观不平度的平均高度时,就会形成压力油膜将轴颈和轴承两工作表面完全隔离开,从而形成液体摩擦。当油膜压力足够平衡外载荷时,轴颈就会悬浮起来。

2)液体动压油膜的建立过程

液体动压油膜建立的过程如图 4.10 所示。当轴的转速为零时,轴颈与轴承直接接触,随着转速的增加,轴颈在轴承里左右移动,直到转速达到一定值时,轴颈在油膜压力的作用下悬浮起来,最终形成油膜润滑。

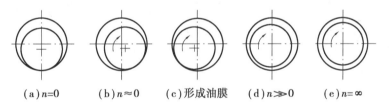

(a) $n=0$　　(b) $n \approx 0$　　(c) 形成油膜　　(d) $n \gg 0$　　(e) $n=\infty$

图 4.10　动压油膜的建立过程

3)形成油膜压力的条件

①轴颈与轴承之间必须能形成楔形空间。
②轴颈与轴承之间必须有相对滑动速度,速度方向必须使润滑油由楔形大口流向小口。
③润滑油必须具有一定的黏度,供油要充分。

(2)实验台结构和工作原理

1)实验台结构

HS-B 实验台机械部分主要由带传动机构、螺旋加载机构和滑动轴承组成。其结构如图 4.11 所示。

2)实验台测试系统

测试系统位于实验台内,具有数据实时采样、数据处理和自动显示等主要功能,还具有与计算机进行通信的能力,便于应用计算机进行数据计算、结果显示。如图 4.12 所示为测试系统原理图。

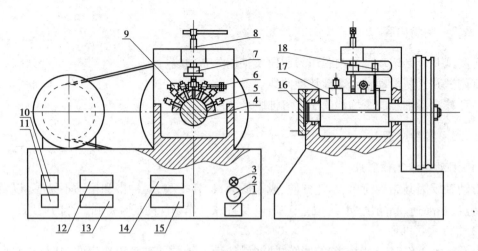

图 4.11　HS-B 实验台结构简图

1—实验台电源开关;2—直流电机调速旋钮;3—油膜指示灯;4—轴颈;5—油压传感器;6—平衡螺母;

7—载荷传感器;8—螺旋丝杠;9—油压传感器;10—油压传感器序号显示数码管;

11—油压传感器压力显示选择按钮;12—压力显示数码管;13—电机转速显示数码管;

14—摩擦力显示数码管;15—外加载荷显示数码管;16—密封端盖;

17—轴瓦;18—摩擦力力传感器

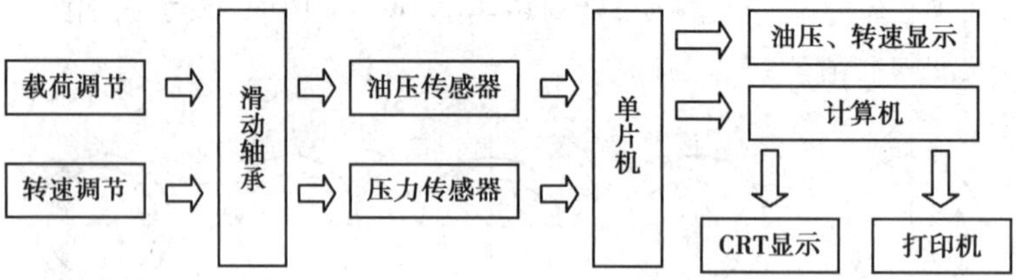

图 4.12　测试系统原理图

3)实验台电气控制系统

实验台电气控制系统主要由以下 4 个部分组成:

①直流电动机调速部分

直流电动机采用脉宽调制调速,通过调节操作面板上的调速旋钮就可调节电机的转速。

②直流电源及传感器信号放大电路

该电路由直流电源及传感器信号放大电路组成。显示面板和 10 组传感器信号放大电路由直流电源供电,将传感器的测量信号放大到一定程度供计算机采样。

③数据显示与传输部分

该部分由单片机、A/D 转换器和 RS232 串口组成。单片机负责信号采集和数据显示,同时把采集到的数据通过 RS232 串口上传到计算机进行处理和显示。

④摩擦状态指示电路

如果轴颈和轴承之间无油膜,则很可能烧坏轴承,为此设计了轴承摩擦状态指示电路,如图 4.13 所示。当轴颈静止时,线路接通,指示灯亮;当轴转速很低时,润滑油被带入轴颈和轴承之间的缝隙内,因此时的油膜层很薄,轴颈与轴承之间部分微观不平度的凸峰处仍在接触,故指示灯忽明忽暗;当轴颈的转速达到一定值时,轴颈与轴承之间形成的油膜厚度完全覆盖了两表面之间微观不平度的凸峰,油膜完全将轴颈与轴承隔开,指示灯熄灭。

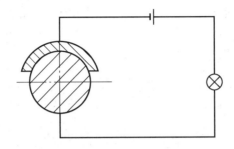

图 4.13　摩擦状态指示电路

4)实验数据的测试原理

①油膜压力的测量

转动轴由滚动轴承支承在箱体上,滑动轴颈的下半部浸泡在润滑油中。在滑动轴承的一个横截面内沿周向钻有 7 个小孔,彼此间隔 20°,每一个小孔联接一个油压传感器,用来测量该点的油膜压力,由此可绘制出径向油膜压力分布曲线。在轴瓦的顶部,沿轴向安装两个油压传感器,用来测量有限长度内滑动轴承沿轴向的油膜压力分布情况。

②摩擦系数 f 的测量

摩擦系数 f 可通过测量轴承的摩擦力矩间接得到。当轴颈转动时,轴颈对轴承产生周向摩擦力 F,其摩擦力矩 $T_f(T_f = Fd/2)$ 使轴承翻转,并使与轴承固联的测力杆压迫固定在实验台上的摩擦力传感器,从而可测量出测力杆测力点处反力 Q 的大小。摩擦系数计算式为

$$f = \frac{F}{W} = \frac{2LQ}{Wd} \tag{4.7}$$

式中　W——施加在轴承上的外载荷;

　　　L——测力杆测力点到轴承中心距离;

　　　d——轴承内径。

5)实验台参数

液体动压润滑实验台参数见表4.3。

表 4.3　液体动压润滑实验台参数

轴承参数	$d = 60$ mm,$B = 110$ mm		材料	ZnSn6-6-3
载荷加载范围	0~1 000 N			
载荷传感器精度	1%		量程	0~2 000 N
油压传感器精度	1%		量程	0~0.6 MPa
测力杆测力点到轴承中心距离	125 mm			
电机功率	355 W			
调速范围	2~500 r/min			

4.3.4　实验步骤

①将实验台、计算机与电源相连。

②将实验台 RS232 输出串口与计算机串口相连。

③在打开实验台电源之前,旋松丝杠手柄,确保去掉轴承上的负载。

④打开实验台电源,缓慢将实验台电机转速加到 300 r/min 左右。

⑤进入滑动轴承测试界面,如图 4.14 所示。

图 4.14　液体动压滑动轴承测试界面

⑥单击"油膜压力分析"按钮,进入滑动轴承油膜压力测试界面,如图 4.15 所示。

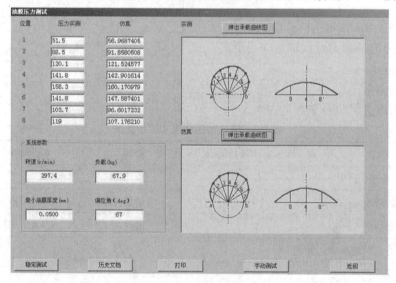

图 4.15　液体动压滑动轴承油膜压力测试与仿真界面

⑦通过螺旋丝杠加载机构,施加 70 kg·f(700 N)的外载荷。

⑧待电机转速和载荷稳定以后,单击"稳定测试"按钮进行数据采样和计算。

⑨单击"返回"按钮,返回到上一级操作界面,再单击"摩擦特性分析"按钮进入滑动轴承摩擦特性测试与仿真界面,如图 4.16 所示。

⑩保持外载荷 70 kg·f(700 N)不变,分别在电机转速为 300,200,100,50,25,10,5,2 r/min 的情况下单击"稳定测试"按钮进行采样和计算。

⑪单击"结束"按钮,计算机自动拟合出滑动轴承的摩擦特性曲线,如图 4.16 所示。

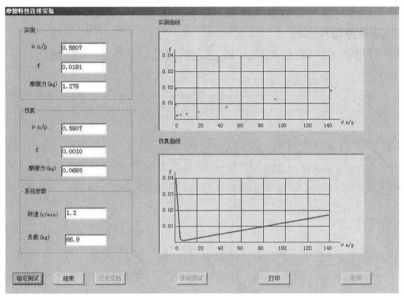

图 4.16　液体动压滑动轴承摩擦特性测试与仿真界面

⑫退出滑动轴承测试软件,卸掉轴承上施加的外载荷,关闭实验台电源,实验结束。

4.3.5　数据的处理

(1)绘制油膜压力分布曲线

根据测得的油膜压力,按一定的比例在坐标纸上绘制油膜压力分布曲线。

在坐标纸上定出 7 个油压传感器的位置 1,2,…,7,由圆心 O 过 1,2,…,7 诸点引射线,沿径向画出向量 1—1′,2—2′,…,7—7′,其大小等于相应各点的压力值(比例自选);用曲线板将 1′,2′,…,7′诸点连成光滑曲线。该曲线就是轴承中间截面处油膜压力分布曲线,如图 4.17 所示。

(2)轴承中点横截面上的平均油膜压力 P_m

由油膜径向压力分布曲线,可求得轴承中间剖面上的平均油膜压力,将圆周上各点 0,1,2,…,7,8 投影到一水平直线上(见图 4.17 的下部分),在相应点的垂线上标出对应的压力值,将其端点 0′,1′,2′,…7′,8′连接成一光滑曲线。用数方格方法求出此曲线与水平线 O—O 所围的面积为 S,然后取 p_m 使其和水平线 O—O 所围矩形面积等于 S。此 p_m 值即为轴承中点横截面上的平均油膜压力 p_m(应按原比例尺换算出压力值)。

(3)轴向油膜压力分布曲线

画一水平线,其长度等于轴承轴向长度 B,在中点的垂线上按前比例尺标出该点的压力为 P_4(油压传感器 4 的读数),在距两端 B/4 处沿垂线方向各标出该点压力 P_8(油压传感器 8 的读数)。根据对称关系,轴承轴向压力各点依次为 0,P_8,P_4,P_8,0,这 5 点可连成一光滑曲线,如图 4.18 所示。轴向压力分布应符合抛物线分布规律,根据理论分析,P_8 应等于 0.75 P_4。

（4）**轴承承载能力的计算**

轴承承载能力可计算为

$$F' = kP_{\mathrm{m}}Bd \tag{4.8}$$

式中　k——轴承端泄对油膜压力在宽度方向的影响系数，$k = 0.67$。

（5）**滑动轴承摩擦特性曲线**

根据记录的数据 f, λ 的值，作如图 4.19 所示的滑动轴承摩擦特性曲线。

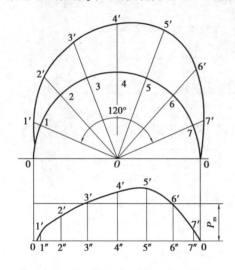

图 4.17　径向油膜压力分布曲线

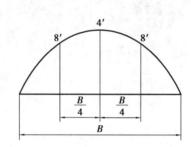

图 4.18　轴向油膜压力分布曲线

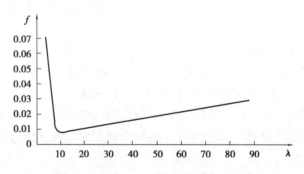

图 4.19　液体动压滑动轴承摩擦特性曲线

4.3.6　注意事项

①打开电机电源之前，一定要确认轴承无外加载荷且电机调速旋钮调为零。

②电机调速过程中要缓慢，避免冲击载荷损坏传感器。

③施加载荷不允许超过 100 kg·f(1 000 N)，否则会严重损坏设备。

④严禁在油膜指示灯亮时高速运转实验台，否则会严重磨损轴承。

⑤做摩擦特性测试实验时，应从高速到低速做实验。在实验过程中，尽量保持施加载荷恒定。

4.3.7　思考题

①动压滑动轴承的油膜压力与哪些因素有关?
②最小油膜厚度受哪些因素的影响?
③润滑油温度变化会对实验结果造成什么样的影响?

4.4　减速器的拆装与结构分析

4.4.1　通用减速器的结构认识与拆装

【知识目标】

1.了解减速器的结构,各种零件的名称、形状用途以及各零件之间的装配关系。
2.了解齿轮的定位方式和装配顺序。
3.了解轴及轴上零件的作用、位置和装配关系。

【技能目标】

1.掌握各种减速器的拆卸、装配和调整的方法与步骤。
2.能使用正确的量具测量减速器的主要零件尺寸和主要参数。
3.能正确绘制减速器的轴系装配草图。

(1)实验设备
①Ⅰ级、Ⅱ级圆柱齿轮传动减速器。
②Ⅰ级蜗杆传动减速器。
③活动扳手、螺丝刀、橡皮锤、塞尺、钢尺、公法线千分尺等工具。
(2)实验内容
①观察减速器外形,确定减速器名称、类型和传动比。
②判定减速器的输入轴和输出轴。
③分析减速器箱体的结构特点。
④分析轴系结构的特点。
⑤了解减速器附件的功能。
⑥绘制减速器的传动简图、轴系的装配草图。
(3)实验原理
减速器是原动机和工作机之间的独立封闭传动装置,用来降低转速和增大转矩,以满足各种工作机械的要求。按照传动形式的不同,可分为齿轮减速器、蜗杆减速器和行星减速器;按照传动级数,可分为单级传动和多级传动;按照传动的布置,可分为展开式、分流式和同轴式减速器。
1)各种减速器简介
①齿轮减速器

　　齿轮减速器主要有圆柱齿轮减速器、圆锥齿轮减速器和圆柱-圆锥齿轮减速器。齿轮减速器的特点是传动效率高、工作寿命长、维护简便,因此,应用范围非常广。齿轮减速器的级数通常为单级、两级、三级及多级。按轴线在空间的布置,又可分为立式和卧式。各种渐开线齿轮减速器类型见表4.4。

表4.4　各种渐开线齿轮减速器类型

类别	齿形	级数和布置形式		传动简图	传动比	特点及应用
圆柱齿轮减速器	渐开线齿廓(直齿、斜齿和人字齿)、圆弧齿廓(斜齿、人字齿)	单级	卧式		软齿面 $i \leqslant 7.1$ 硬齿面 $i \leqslant 5.6$	效率高,工艺简单,精度容易得到保证。直齿用于 $v \leqslant 8$ m/s 的低速传动或轻载传动,斜齿用于高速($v \leqslant 50$ m/s)的传动中,人字齿用于高速重载传动中
		双级	展开式		软齿面 $i = 7.1 \sim 50$ 硬齿面 $i = 7.1 \sim 31.5$	齿轮相对轴承位置不对称,载荷沿齿宽分布不均匀,要求轴要有较大的刚度
			分流式		$i = 7.1 \sim 50$	高速级采用对称布置的左右旋斜齿轮,低速级采用人字齿或直齿,载荷沿齿宽分布均匀,用于较大功率、变载场合
			同轴式		软齿面 $i = 7.1 \sim 50$ 硬齿面 $i = 7.1 \sim 31.5$	输入轴和输出轴布置在同一轴线上,长度方向尺寸减小,轴向方向尺寸增大,中间轴长度较长、刚度差

　　②蜗杆减速器

　　蜗杆减速器的特点是轴交角为90°,外廓尺寸小,传动比大,工作平稳,噪声小,可自锁,但是效率较低,单级蜗杆减速器应用最广。各种蜗杆减速器类型见表4.5。

表 4.5　各种蜗杆减速器类型

类别	级数和布置形式		传动简图	传动比	特点及应用
蜗杆减速器	单级	蜗杆下置式			蜗杆布置在下,采用油池润滑时啮合处的冷却和润滑较好,蜗杆轴承润滑方便。但蜗杆圆周速度大,油的搅动损失较大。一般用于蜗杆圆周速度 $v < 5$ m/s
		蜗杆上置式		$i = 28 \sim 315$	蜗杆布置在蜗轮的上边,装拆方便,蜗杆的圆周速度允许高一些,但蜗杆轴承的润滑不便
		蜗杆侧置式			很少采用,只在传动装置要求这样布置时采用
	双级	蜗杆—蜗杆		$i = 100 \sim 4\,000$	传动比大,结构紧凑,但传动效率低
		蜗杆—齿轮		$i = 15 \sim 480$	分齿轮传动在高速级和蜗杆传动在高速级两种形式。前者结构紧凑,后者传动效率较高

2）减速器的主要附件与功能

现以圆柱齿轮二级减速器为例,详细讲述各部件的结构与功能。

①箱体

减速器的箱体是支承和固定轴和轴上零件并保证传动精度的重要零件,是减速器中非常重要的一个零件。减速器的箱体一般采用剖分式结构。卧式减速器一般只有一个剖分面,沿轴线平面剖开,分为箱盖和箱座两部分。箱体一般采用灰铸铁 HT150 或 HT200 铸造,对重型减速器也可采用球墨铸铁和铸钢铸造。在单件生产中,特别是对大型减速器,可采用焊接结构以减轻质量。为了保证箱体在轴承座附件有足够的刚度,通常在上下箱体要设置加强筋和凸台。为了便于箱体运输,一般在箱体上要设置吊耳或吊钩,如图 4.20 所示。

（a） （b）

图 4.20 减速器内部结构

②窥视口

为检查传动零件的啮合情况以及将润滑油注入箱体内,通常在减速器上箱体的适当位置设置窥视口。为防止润滑油飞溅出来和污物进入箱体内,在窥视口上应加设孔盖。平时,窥视口的孔盖用螺钉固定在箱体上,需要检查时才打开,如图 4.21 所示。

③通气器

减速器工作时,箱体内温度升高,空气膨胀,压力增大,为使箱内的空气能自由排出,保持内外压力相等,不至于使润滑油沿分箱面或端盖处密封件等其他缝隙溢出。通常在上箱体顶部设置通气器,如图 4.22 所示。

图 4.21 减速器窥视口 图 4.22 通气器

④轴承端盖

轴承端盖的作用为限定轴承在轴上的轴向位置并承受轴承的轴向载荷,轴承座孔两端用轴承端盖密封,如图 4.23 所示。

⑤定位销

为保证在箱体拆装时仍能保持轴承座孔加工制造时的精度,应在精加工轴承座孔以前在上箱体和下箱体的联接凸缘上配装定位销,其相对位置越远越好。定位销通常为圆锥形或圆柱形,如图 4.24 所示。

⑥油面指示器

为检查减速器内油池油面的高度,保持油池内有适量的润滑油,一般在箱体便于观察、油面较稳定的部位设置油面指示器。油面指示器可以是带透明玻璃的油孔或油标尺,如图 4.25 所示。

图 4.23　减速器端盖

图 4.24　减速器定位销

⑦排油螺塞

减速器工作一定时间后需要更换润滑油和清洗,为排放污油和清洗剂,在下箱体底部油池最低的位置开设排油孔,平时用螺塞将排油孔堵住,如图 4.26 所示。

图 4.25　油面指示器

图 4.26　排油螺塞

⑧启箱螺钉

为加强密封效果,通常在装配时在箱体的分箱面上涂抹水玻璃或密封胶,当拆卸箱体时往往因胶结紧密难以开启。为此,在上箱体联接凸缘适当的位置加工出一两个螺孔,旋入启箱用的平端螺钉,靠螺钉拧紧产生的反力把上箱体顶起,如图 4.27 所示。

⑨起吊装置

为便于减速器搬运,应在箱体上设置起吊装置。起吊装置可以为吊耳或吊钩,箱体较小时可用吊环螺钉,如图 4.27 所示。

⑩挡油环

当滚动轴承采用油脂润滑时,为避免油池中飞溅起来的热润滑油进入滚动轴承内稀释润滑油脂,降低润滑效果,故在轴承内侧加一挡油环,如图 4.28 所示。

图 4.27　启箱螺钉与吊耳、吊钩

图 4.28　挡油环

3)减速器各轴系的构成

这里同样以圆柱齿轮二级减速器为例,详细讲述各轴系的组成与结构。

①高速轴系的构成

如图 4.29 所示,高速轴系由一对角接触轴承、挡油环和高速齿轮轴组成。它是整个减速器的输入部件,输入电机的转速与功率。

图 4.29　高速轴系的构成

1—高速齿轮轴;2—挡油环;3—角接触轴承

②中间轴系的构成

如图 4.30 所示,中间轴系由一对角接触轴承、挡油环和中间轴齿轮及斜齿轮以及键组成,承受高速级齿轮传递过来的转速与转矩,并将其传递给低速级齿轮。

③低速轴系的构成

图 4.30　中间轴系的构成

1—角接触轴承;2—挡油环;3—斜齿轮;

4—键;5—中间轴齿轮

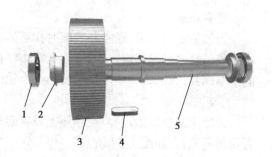

图 4.31　低速轴系的构成

1—深沟球轴承;2—挡油环;

3—低速级圆柱直齿轮;4—键;5—低速轴

低速轴系由一对深沟球轴承、挡油环和低速级圆柱直齿轮以及键和低速轴组成。它是整个减速器的输出部件,将变换过后的转速与转矩输出,如图4.31所示。

④轴系在箱体上的定位

轴系通过轴承端盖和垫片将轴系在减速器上定位,并通过垫片的厚薄来调整轴承的游隙。轴系定位后,注意齿轮端面和齿顶圆距离箱体内壁间的距离(L_2和L_3、L_5和L_6)以及轴承端面距离箱体间的距离(L_1),如图4.32所示。

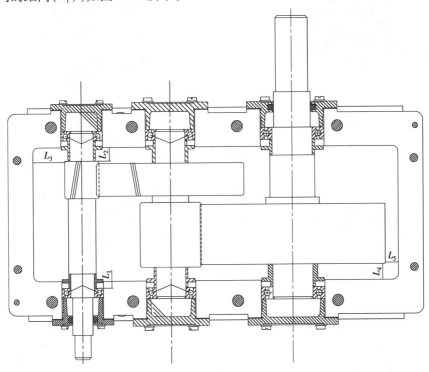

图4.32　轴系在箱体上的定位

4)蜗轮蜗杆减速器的结构与组成

蜗轮蜗杆传动用于两轴交叉成90°,但彼此既不平行又不相交的情况下,通常在蜗轮传动中,蜗杆是主动件,而蜗轮是被动。而蜗轮蜗杆减速器是一种动力传达机构,应用十分广泛,尤其是两轴交错、传动比大、传动功率不大或间歇工作的场合中。

蜗轮蜗杆减速机基本结构主要由传动零件蜗轮蜗杆、轴、轴承、箱体及其附件所构成。它可分为有三大基本结构部:箱体、蜗轮蜗杆、轴承与轴组合。箱体是蜗轮蜗杆减速机中所有配件的基座,是支承固定轴系部件、保证传动配件正确相对位置并支承作用在减速机上荷载的重要配件;蜗轮蜗杆的主要作用是传递两交错轴之间的运动和动力;轴承与轴组合的主要作用是动力传递、运转并提高效率。下面以常见的单级蜗轮蜗杆减速器为例,对减速器各个部件及结构作相应的介绍,如图4.33所示。

①蜗杆输入轴系结构

蜗杆输入轴系由蜗杆、密封件、轴承套杯、深沟球轴承、成对角接触球轴承及端盖组成,如图4.34所示。

②蜗轮输出轴系组成与结构

蜗轮输出轴系由输出轴、端盖、圆锥滚子轴承、套筒、蜗轮及联接键组成,如图4.35所示。

(a)   (b)

图 4.33　蜗轮蜗杆减速器

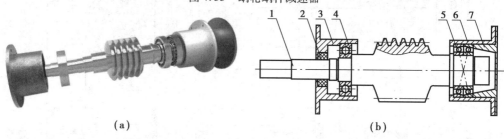

(a)   (b)

图 4.34　蜗杆输入轴系

1—蜗杆;2—密封件;3,6—轴承套杯;4—深沟球轴承;5—成对角接触球轴承;7—端盖

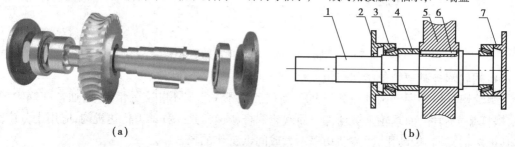

(a)   (b)

图 4.35　蜗轮输出轴系结构

1—输出轴;2,7—端盖;3—圆锥滚子轴承;4—套筒;5—蜗轮;6—联接键

③蜗轮蜗杆减速器总体结构剖视图

蜗轮蜗杆减速器总体结构剖视图如图 4.36 所示。

5)滚动轴承式支承的结构形式

为保证滚动轴承和轴系能正常传递轴向力而不发生轴向窜动,需合理地设计轴系轴向固定结构。常用的形式如下:

①两端单向固定式支承

普通工作温度下的短轴(跨距 $L < 400$ mm),支点常采用两端单向固定方式,每个轴承分别承受一个方向的轴向力。为允许轴工作时有少量热膨胀,轴承安装时应留有 0.25 ~ 0.4 mm 的轴向间隙(间隙很小,结构图上不必画出),间隙量常用垫片或调整螺钉调节。如图 4.37 所

示,用左右两个轴承端盖各限制轴在一个方向的移动,合起来就限制了轴的双向移动。这种形式适用于工作温度不大的短轴。

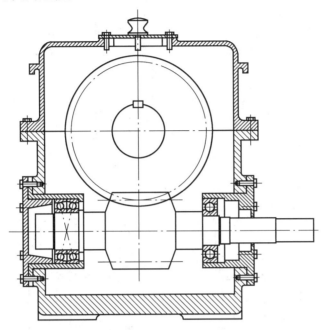

图4.36　蜗轮蜗杆减速器总体结构剖视图

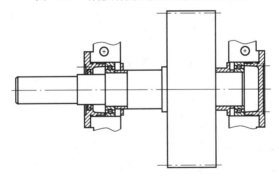

图4.37　两端单向固定式支承

②一端固定,一端游动支承

当轴较长或工作温度较高时,轴的热膨胀收缩量较大,宜采用一端双向固定、一端游动的支点结构,如图4.38所示。固定端由单个轴承或轴承组承受双向轴向力,而游动端则保证轴伸缩时能自由游动。为避免松脱,游动轴承内圈应与轴作轴向固定(常采用弹性挡圈)。用圆柱滚子轴承作游动支点时,轴承外圈要与机座作轴向固定,靠滚子与套圈间的游动来保证轴的自由伸缩。

③二端游动支承

这种支承形式常用在人字齿轮轴上,由于主动和从动人字齿轮的左右螺旋角很难做成完全一致,若两轴都做成轴向固定式,则齿轮极可能卡死或两侧受力不均。因此,一般是将比较轻便的高速轴做成能左右游动的形式,如图4.39所示。在双向轴向力的作用下自行定位,达到平衡位置。轴承内圈的轴向固定应根据轴向载荷的大小选用轴端挡圈、圆螺母、轴用弹性挡圈等结构。外圈则采用机座孔端面、孔用弹性挡圈、压板、端盖等形式固定。

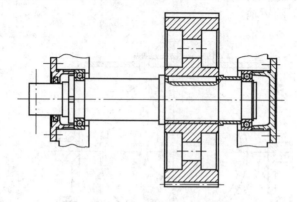

图4.38 一端固定,一端游动支承

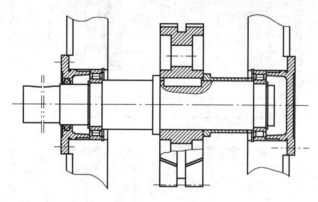

图4.39 两端游动支承

6)齿轮模数的测量

齿轮各部分的几何尺寸都是以模数、齿数和压力角3个基本参数为依据计算得到的。模数是齿轮几何尺寸计算中的一个重要参数,通常在生产现场需要精确、快速地测量出模数,从而准确计算出齿轮各部分的几何尺寸,以便及时对损坏齿轮进行配制。如图4.40所示为标准齿轮,W_K 为跨测齿数 K 的公法线长度,W_{K+1} 为跨测齿数为 $K+1$ 的公法线长度,r 为分度圆半径,r_b 为基圆半径,p_b 为基圆齿距,s_b 为基圆齿厚。标准直齿轮的公法线长度计算式为

$$W_K = m \cos \alpha [(K - 0.5) \pi + z \operatorname{inv} \alpha] \tag{4.9}$$

$$W_{K+1} = m \cos \alpha [(K + 1 - 0.5) \pi + z \operatorname{inv} \alpha] \tag{4.10}$$

则 $W_{K+1} - W_K = \pi m \cos \alpha$,故

$$m = \frac{W_{K+1} - W_K}{\pi \cos \alpha} \tag{4.11}$$

同理,斜齿轮与变位齿轮计算模数的公式与式(4.11)相同,当压力角 $\alpha = 20°$ 时,式(4.11)可改写为

$$m = \frac{(W_{K+1} - W_K)}{3} \tag{4.12}$$

(4)**实验步骤**

①拔除减速器箱体上的定位销。

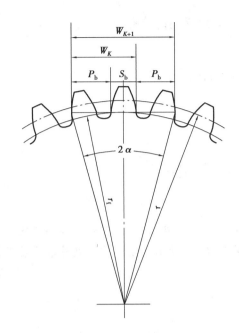

图 4.40 齿轮公法线测量

②拧下轴承端盖上的螺栓,取下轴承端盖和垫片。

③拧下上下箱体的联接螺栓。

④取下上箱体。

⑤观察轴的支承结构、测量齿轮齿面间的啮合间隙、齿轮与箱体内壁间的距离、轴承与箱体内壁间的距离。

⑥逐级拆卸轴上的轴承、齿轮等部件,观察轴的结构,了解轴的安装、拆卸和固定方法。

⑦观察齿轮在轴上的定位方法。

⑧测量齿轮公法线长度,计算齿轮模数。

⑨拆卸、测量完毕,复原减速器。

⑩绘制减速器的传动简图、轴系的装配草图。

(5)注意事项

①在实验过程中,注意安全,防止被零件砸伤、碰伤。

②爱护实验设备,请勿用扳手等工具敲打零件。

③拧紧螺母时用力切勿过大,防止螺栓、螺母被拧滑丝。

④实验结束后,经指导教师检验后,方可离开实验室。

(6)思考题

①减速器主要有哪些类型?它们各用于哪些场合?

②箱盖上为什么要设置铭牌?其目的是什么?铭牌中有哪些内容?

③减速器的齿轮传动和轴承采用什么润滑方式、润滑装置和密封装置?

④箱体、箱盖上为什么要设计筋板?筋板的作用是什么?如何布置?

⑤铸造成型的箱体最小壁厚是多少?如何减轻其质量及表面加工面积?

⑥如果在箱体、箱盖上不设计定位销钉将会产生什么样的严重后果?

⑦各级传动轴为什么要设计成阶梯轴,不设计成光轴?设计阶梯轴时,应考虑什么问题?

⑧采用直齿圆柱齿轮或斜齿圆柱齿传动时,各有什么特点? 选择轴承时,应考虑什么问题?

4.4.2 RV减速器的结构认识与拆装

【知识目标】

1. RV减速器的机构原理。
2. RV减速器的结构及各零件之间的装配关系。

【技能目标】

1. 掌握RV减速器的内部结构,以及拆卸、装配的方法与步骤。
2. 能使用正确的量具测量RV减速器的主要零件尺寸和主要参数。
3. 能正确绘制RV减速器的装配草图。

(1)实验设备

①RV-E型减速器。

②扳手、拉马、螺丝刀、橡皮锤、弹簧卡钳等拆装工具。

(2)实验内容

①拆装RV减速器,分析减速器的结构。

②计算RV减速器的传动比。

③测量RV减速器主要零部件,绘制装配草图。

(3)实验原理

RV传动是新兴起的一种传动,是在传统的针轮摆线行星传动的基础上发展出来的。它不仅克服了一般针轮摆线传动的缺点,而且因为具有体积小、质量小、传动比范围大、寿命长、抗冲击力强、精度保持稳定、效率高及传动平稳等特点,被广泛应用于工业机器人、机床、医疗检测设备、卫星接收系统等领域。RV减速器结构紧凑、传动效率较高(0.85~0.92),同时具有高疲劳强度、高刚度和高寿命,而且回差精度稳定。目前,RV减速器的回转精度可做到0.3弧分,故大多数高精度机器人传动多采用RV减速器。

1)传动比计算

按照封闭差动轮系计算传动比,则RV减速器的传动比为

$$i_{16} = 1 + \frac{z_2}{z_1}z_5 = 1 + \frac{z_2}{z_1}(z_4 + 1) \qquad (4.13)$$

式中　z_1——太阳轮的齿数;

z_2——行星轮齿数;

z_5——针齿齿数;

z_4——摆线轮齿数。

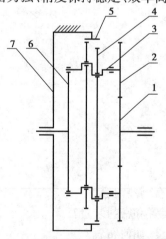

图4.41　RV减速器传动机构简图

1—输入轴齿轮;2—行星轮;3—曲柄轴;

4—摆线轮;5—针齿;6—输出法兰;7—针齿壳

如图4.41所示为RV减速器传动机构简图。

2）第一级减速机构

第一级减速机构为行星轮减速机构,如图4.42所示。运动由输入轴齿轮输入,与行星轮啮合,使行星轮自转时,也绕着轴齿轮公转。曲柄轴轴系结构如图4.43所示。

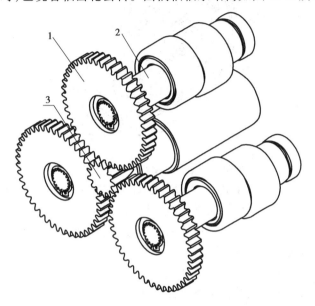

图4.42　第一级行星减速机构
1—行星轮;2—曲柄轴;3—输入轴齿轮

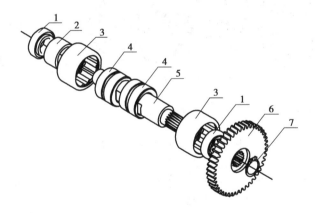

图4.43　曲柄轴轴系分解图
1—圆锥滚子轴承;2—套筒;3—滚针轴承;4—偏心轴套;
5—花键轴;6—行星齿轮;7—弹性挡圈

3）第二级减速机构

第二级减速机构为摆线针轮减速机构,如图4.44所示。在花键轴上安装有偏心轴套,两者组成曲柄轴,偏心轴套上安装有滚针轴承,滚针轴承安装了两个摆线齿轮,随着花键轴旋转,偏心轴套上的两个摆线齿轮也跟着作偏心运动。

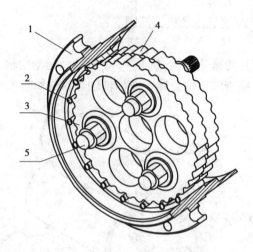

图 4.44　第二级摆线针轮减速机构

1—针齿壳;2—针齿;3—摆线齿轮 A;4—摆线齿轮 B;5—花键轴

在针齿壳体内侧的针齿槽里,针齿槽的齿数比摆线齿轮的齿数要多一个,并且针齿槽等距排列。花键轴旋转一周,摆线齿轮与针齿槽接触的同时作一次偏心运动,摆线齿轮沿着与花键轴旋转方向相反的方向旋转一个齿距。

4)RV 减速器总体分解图

RV 减速器各零部件之间的装配关系如图 4.45 所示。

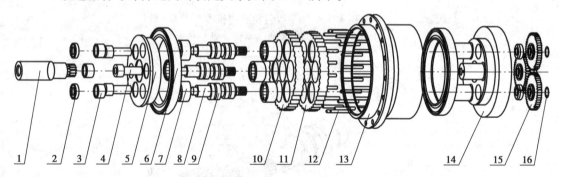

图 4.45　RV 减速器总体分解图

1—输入轴齿轮;2—圆锥滚子轴承;3—轴套;4—内六角螺栓;5—支承法兰;6—角接触球轴承;

7—滚针轴承;8—花键轴;9—偏心轴套;10—摆线轮 A;11—摆线轮 B;12—针齿;13—针齿套;

14—输出法兰;15—行星齿轮;16—弹性挡圈

（4）**实验步骤**

①取下输入轴齿轮,数出轴齿轮齿数 z_1。

②拆除弹簧卡圈,然后取下行星齿轮,数出行星齿轮齿数 z_2。

③松开两端紧定螺钉,取下输出法兰和支承法兰。

④拆除角接触主轴承。

⑤拆除摆线齿轮,数出摆线齿轮齿数 z_4。

⑥取下曲柄轴,并拆除轴上轴承。

⑦观察针齿壳结构,并数出针齿齿数 z_5。

⑧根据式(4.13)计算 RV 减速器传动比。

⑨测量行星齿轮公法线长度,计算齿轮模数。

⑩测量各零部件,并复原 RV 减速器。

⑪绘制 RV 减速器传动简图和装配草图。

（5）**注意事项**

①在实验过程中,注意安全,防止被零件砸伤、碰伤。

②爱护实验设备,请勿用扳手等工具敲打零件。

③拧紧螺母时,用力切勿过大,防止螺栓、螺母被拧坏。

④实验结束后,经指导教师检查后,方可离开实验室。

（6）**思考题**

①齿轮背隙对减速器的运动精度有何影响?

②轴承游隙对减速器的运动精度有何影响?

4.5　典型减速器传动效率的测定

【知识目标】

1.各种机械传统装置的基本原理。

2.各种机械传统装置的基本特性和特点。

【技能目标】

1.掌握机械传动系统合理布置的基本要求,机械传动方案设计的一般方法,并利用机械传动综合实验台对机械传动系统组成方案的性能进行测试,分析组成方案的特点。

2.通过实验掌握机械传动性能综合测试的工作原理和方法,掌握计算机辅助实验的新方法。

3.测试常用机械传动装置(如带传动、链传动、齿轮传动及蜗杆传动等)在传递运动与动力过程中的参数曲线(速度曲线、转矩曲线、传动比曲线、功率曲线及效率曲线等),加深对常见机械传动性能的认识和理解。

4.5.1　实验设备

①机械传动性能综合测试实验台。

②扳手、拉马、橡皮锤、百分表。

4.5.2　实验内容

①测试各种减速器在不同负载下的传动效率。

②根据测试数据绘制传动效率-负载曲线、功率-负载曲线和转速-负载曲线。

4.5.3 实验原理

(1)选择机械传动类型的主要参考指标

选择机械传动类型所依据的主要指标是效率高、外廓尺寸小、质量小、运动性能良好及生产成本低。在选择具体的传动类型时,需要综合考虑,对比各设计方案具体的技术经济指标后才能得出结论。传动效率是评价传动性能的主要指标之一。不断提高传动效率,就能节约动力,降低运行成本。在机械传动中,功率的损失主要由轴承摩擦、传动零件间的相对滑动和搅动润滑油等原因造成,所损失的能量绝大部分将转化为热量,如果损失功率过大,将会使工作温度超过允许的限度,导致传动失效。因此,传动效率低的传动装置一般不宜用于大功率的传递。

(2)各种常见机械传动装置的效率

各种传动机构的传动效率见表4.6。

表 4.6　各种传动机构的传动效率

传动类型	分　类	效　率
带传动	平带传动	0.83 ~ 0.98
	V 带传动	0.87 ~ 0.92
	同步带传动	0.93 ~ 0.98
链轮传动	焊接链	0.93
	片式关节链	0.95
	滚子链	0.96
	无声链	0.97
齿轮传动	5 级、6 级精度齿轮传动(跑合)	0.98 ~ 0.99
	7 级、8 级精度的一般齿轮传动	0.97
	9 级精度的齿轮传动	0.96
	加工齿的开式齿轮传动(干油润滑)	0.90 ~ 0.94
	自锁蜗杆	0.4 ~ 0.45
	单头蜗杆	0.6 ~ 0.75
	双头蜗杆	0.75 ~ 0.82
	三头和四头蜗杆	0.82 ~ 0.92
	环面蜗杆传动	0.85 ~ 0.92
丝杠传动	滑动丝杠	0.3 ~ 0.6
	滚动丝杠	0.85 ~ 0.95

注:表中数据部分源于《机械设计手册》(闻邦椿主编)。

（3）传动实验台系统组成

机械传动性能综合测试实验台由机械传动装置、联轴器、变频电机、加载装置及工控机模块组成。另外，还有实验软件支持。系统性能参数的测量通过测试软件控制，安装在工控机主板上的两块转矩转速测试卡和转矩转速传感器连接，如图4.46和图4.47所示。

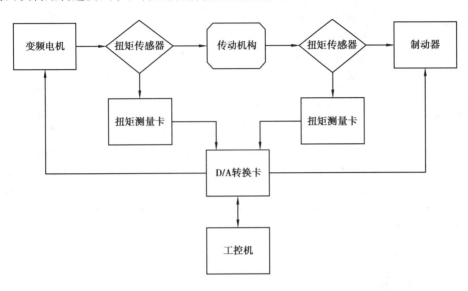

图4.46　机械传动测试系统组成示意图

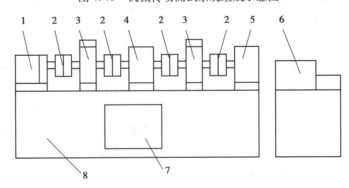

图4.47　传动实验台构成图

1—变频调速电机；2—联轴器；3—转矩转速传感器；4—实验传动装置；
5—加载与制动装置；6—工控机；7—电器控制柜；8—台座

（4）实验台主要组成部件性能参数

实验台组成部件主要技术参数见表4.7。

表4.7　实验台组成部件主要技术参数

组成部件	技术参数	备　注
变频调速电机	750 W，同步转速 1 500 r/min	
ZJ 型转矩转速传感器	ZJ10 型，扭矩量程：10 N·m ZJ50 型，扭矩量程：50 N·m	

续表

组成部件	技术参数	备　注
机械传动装置(试件)	直齿圆柱齿轮减速器($i=5$) 蜗杆减速器($i=10$) 摆线针轮减速器($i=9$) V形带传动件 齿形带传动件 滚子链传动	
磁粉制动器	额定制动转矩:50 N·m 允许滑差功率:1.1 kW	加载装置
工控机	IPC-810B	控制电机 负载采集数据 打印曲线

4.5.4　实验步骤

(1)实验前的准备

①搭接实验装置前,应仔细阅读本实验台的使用说明书,熟悉各主要设备的性能、参数及使用方法,正确使用仪器设备及测试软件。

②搭接实验装置时,因电动机、被测传动装置、传感器、加载器的中心高均不一致,故组装和搭接时应选择合适的垫板、支承板和联轴器,调整好设备的安装精度,以使测量的数据精确。

③在有带、链传动的实验装置中,为防止压轴力直接作用在传感器上,影响传感器测试精度,一定要安装本实验台的专用轴承支承座。

④在搭接好实验装置后,用手驱动电机轴,如果装置运转自如,即可接通电源,开启电源进入实验操作;否则,重调各联接轴的中心高、同轴度,以免损坏转矩转速传感器。

(2)启动测试软件,进行实验参数设置

如图4.48所示,软件启动后,出现图示界面。先单击"开始采集"按钮,让程序与实验台通信,再选择"设置选项"下拉菜单,选中"转矩转速传感器设置",进入图示界面。

(3)设置转矩转速传感器参数

进入设置界面后,根据传感器铭牌上的信息,将传感器标定系数、扭矩量程、齿数输入相应的位置;单击"小电机正转"或"小电机反转"按钮,将传感器上的小电机启动起来。注意小电机的转动方向一定要与主动电机转动的方向相反。

(4)传感器初始值调零

如图4.49所示,当小电机启动后,主电机没有设置转速时,传感器测量出来的 n_1,n_2,T_1,T_2 应都为零。但是,因安装、小电机转速波动的原因,实际测量出来的初始值可能不为零,故需要对传感器进行调零。单击"调零"按钮,系统自动对转速进行调零;单击"同步零点"按钮,系统自动对转矩进行调零。

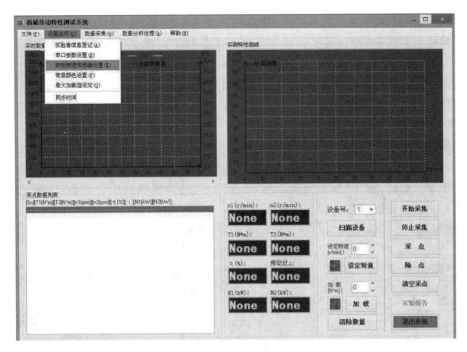

图 4.48　测试软件界面

图 4.49　传感器参数设置界面

(5)设置主电机转速

主电机转速设置应注意,不能将主电机的转速设置过高,否则容易发生安全事故。系统限制主电机的转速为 1 500 r/min,因此实验时,应将转速设置在 1 000 ~ 1 200 r/min 较为合理。在如图 4.48 所示的设定转速文本框里输入相应的转速(一般 1 200 r/min),然后单击"设定转速"按钮,将指令发送给实验台,系统会自动调节主电机转速,使之稳定在设定转速上。

(6)设置负载

实验时,应从空载开始往上加载。在加载前,首先单击"采点"按钮,将空载下的数据采集下来;然后在"加载"文本框里输入负载,输入后单击"加载"按钮,将指令发送给实验台,系统会自动调节磁粉制动器的负载,使之稳定在设定的负载上。待系统稳定后,再单击"采点"按钮,将该负载下的数据采集下来。加载时,由于磁粉制动器的最大加载载荷为50N·m,因此,加载载荷的上限会受到系统设定的限制。当超过系统设定的上限时,将无法进行加载。加载时,要注意这一点。

(7)曲线拟合

当加载到最高载荷时,并将此载荷下的数据采集后,应立即进行卸载,单击"完全卸载"按钮,系统会自动进行卸载。待系统重新稳定以后,再单击"停止电机"按钮,系统会自动将主电机转速降至零。此时,选择"数据分析处理"下拉菜单,选择多项式拟合次数(一般选择4或5次多项式),系统会根据采集的数据拟合出一条传动效率曲线,如图4.50所示。

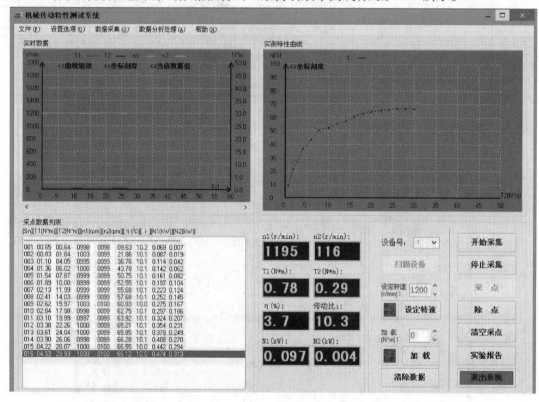

图4.50 实验曲线拟合

(8)退出测试系统软件

实验完成后,应及时退出测试系统。在退出前,应先将传感器的小电机关闭,单击如图4.49所示界面上的停止按钮,分别将对应的传感器小电机停止,然后再依次单击"停止采集"按钮、"退出系统"按钮,完全退出该测试软件。

4.5.5 数据处理

实验数据测试完毕后,需要根据实验数据绘制相应的曲线来分析本次实验。图4.51中依次为蜗杆减速器的 η-T_2 曲线、T_1-T_2 曲线、P_1-T_2 曲线、n_1-T_2 曲线。

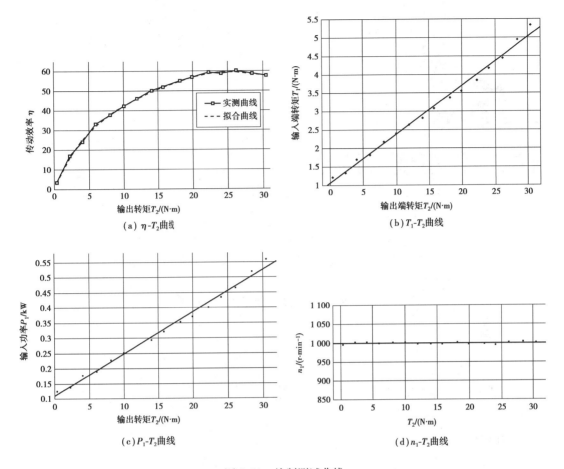

（a）η-T_2曲线　　（b）T_1-T_2曲线

（c）P_1-T_2曲线　　（d）n_1-T_2曲线

图 4.51　绘制测试曲线

4.5.6　注意事项

①传感器是精密仪器,严禁手握轴头搬运,严禁在地上拖拉。安装联轴器时,严禁用铁质榔头敲打,两个半联轴器间应留有 $1\sim2$ mm 的间隔。安装时,被测机械、传感器和负载三者要有较好的同轴度。

②本实验台采用的是风冷式磁粉制动器,其表面温度不得超过 80 ℃。必要时,应强制散热。实验结束后,应及时卸除载荷。

③实验时,先启动主电机后加载荷,严禁先加载荷后启动主电机。

④在试验过程中,如遇电机转速突然下降或出现不正常的噪声和振动时,必须卸载或紧急停车,以防电机温度过高烧坏电机和电器,以及发生其他意外事故。

⑤变频器出厂前设定完成,若需更改,必须由专业技术人员设置。

4.5.7　思考题

①测量前,为什么需要对传感器相应参数调零?

②传感器上的小电机为什么要在测量低速时开启,并且与主轴转动的方向相反?

③测量时,为什么需要待系统稳定以后方能采集数据?

第 **5** 章
机械零件精度与测量

5.1 常用量具的认识与使用

【知识目标】

1.各种常用量具的测量原理。

2.各种常用量具的使用方法。

【技能目标】

1.能根据测量对象,正确选用合适的量具。

2.能使用常用量具进行测量,并正确读数。

5.1.1 实验设备

①游标卡尺。

②外径千分尺。

③百分表、千分表。

④量块。

5.1.2 实验内容

认识并正确使用量具进行测量。

5.1.3 实验原理

(1)游标卡尺

1)游标卡尺的结构

游标卡尺属于游标量具。它是一种常见的中等精度量具,应用范围很广,可用来测量零件的外径、内径、长度及深度等尺寸,如图5.1所示。游标卡尺因类型不同,结构也有所不同,但一般由主尺、游标尺、外测量爪、内测量爪及锁紧机构等组成。主尺最小刻度为毫米,游标尺上的刻线因间距不同,其所能读出的最小单位量值(分度值)也不同。常见的为 0.1,0.05,0.02 mm 3 种。数显式的游标卡尺分度值常为 0.01,0.005 mm 两种。

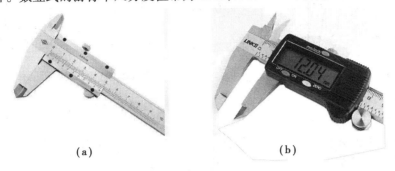

(a)　　　　　　　　　　　(b)

图 5.1　游标卡尺

2)读数原理

游标读数(游标细分)原理是利用主尺刻线间距与游标刻线间距的间距差实现的。

常用的主尺刻度间距 $a=1$ mm,若使主尺刻度($n-1$)格的宽度等于游标刻度 n 格的宽度,则游标的刻度间距 $b=a(n-1)/n$。若主尺刻度间距为 1 mm,游标刻度间距为 0.9 mm,当游标尺零刻线与主尺零刻线对准时,除游标的最后一根刻线(第 10 根刻线)与主尺上第 9 根刻线重合外,其余刻线均不重合。若将游标向右移动 0.1 mm,则游标的第一根刻线与主尺的第一根刻线重合;游标向右移动 0.2 mm 时,则游标的第二根刻线与主尺的第二根刻线重合。以此类推。这就是说,游标在 1 mm 内(1 个主尺刻度间距),向右移动距离可由游标刻线与主尺刻线重合时游标刻线的序号来决定。

3)游标卡尺的读数

读数时,首先根据游标尺的零刻度线所处的位置读出主尺上的整数部分,然后确定游标尺上的哪一根刻度线与主尺上的刻度线对齐,游标刻度线的序号乘以游标尺的分度值,即可得到小数部分(小数部分一般可从游标尺上直接读出而不必计算),将整数部分与小数部分相加即可得到测量的尺寸。如图 5.2 所示的读数应为 22.44 mm。

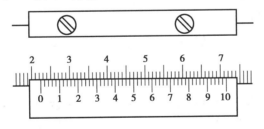

图 5.2　游标卡尺的读数

4)注意事项

①使用前,应将测量面擦干净,检查并确定两测量爪间不能存在明显的间隙,并校对零位。

②不能测量超出测量范围的尺寸。

③移动游标时力量要适度,测力不能过大。

④注意防止温度对测量精度的影响,特别是游标卡尺与被测件不等温产生的测量误差。

⑤读数时,视线要与标尺刻线方向一致,以免造成视差。

⑥测量时,量爪的位置要正确,避免如图 5.3 所示的错误。

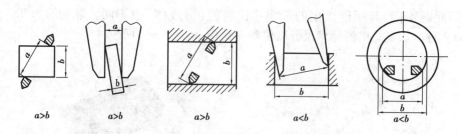

图5.3　游标卡尺量爪错误的测量位置

（2）千分尺

千分尺按用途可分为外径千分尺、内径千分尺、深度千分尺及螺旋千分尺等。如图5.4所示为外径千分尺。图5.4（a）为机械式千分尺，图5.4（b）为数显式千分尺。机械式千分尺分度值通常为0.01 mm；数显式千分尺分度值通常为0.001 mm。

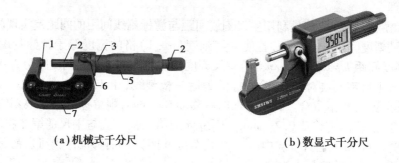

（a）机械式千分尺　　　　　　　　　（b）数显式千分尺

图5.4　外径千分尺

1—测量头；2—测杆；3—固定套筒；4—测力装置；5—微分筒；6—锁紧装置；7—尺架

1）外径千分尺的结构

外径千分尺一般由尺架、微分筒、固定套筒、测力装置、测量头、测杆及锁紧装置等组成。其结构特征如下：

①结构设计符合阿贝原则。

②丝杠螺距作为测量的基准量，丝杠和螺母的配合精密，配合间隙可调整。

③固定套筒和微分筒作为示数装置，按刻度线读数。

④具有保证一定测力的棘轮棘爪机构。

2）读数原理

千分尺的读数原理是通过螺旋传动，将被测尺寸转换成丝杠的轴向位移和微分筒的圆周位移，并以微分筒上的刻度对圆周的位移进行计量，从而实现对螺距的放大细分。当测量丝杠连同微分筒转过ϕ角时，丝杠沿轴向位移量为L。因此，千分尺的传动方程式为

$$L = \frac{p\phi}{2\pi} \tag{5.1}$$

式中　p——丝杠螺距；

ϕ——微分筒转角。

当$p = 0.5$ mm、微分筒的圆周刻度数为50等份时，每一等份所对应的读数值为0.01 mm，通过微分筒可读出被测值0.5 mm以下的读数。

3）读数方法

测量时，首先从固定套筒的上下两排刻度读数，再加上微分筒的读数（微分筒长横线为固

定指标线）即为被测尺寸的读数。如图5.5所示的读数为7.935 mm，最后一位为估读。

4）注意事项

①使用前，必须用校对杆校对零位。

②不能测量超出测量范围的尺寸。

③手应握在隔热垫处，千分尺与被测件必须等温，以减少
温度对测量精度的影响。

④要注意减少测力对测量精度的影响，当测量面与被件表
面将要接触时，就必须使用测力装置。

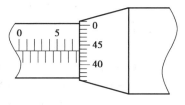

图5.5　千分尺的读数

⑤读数时，要特别注意固定套筒上0.5 mm刻度的读取，微分筒读数需估读到千分位。

（3）指示表

1）指示表结构

指示表按分度值，可分为千分表（分度值为0.001 mm）和百分表（分度值为0.01 mm）。
按传动系统，又可分为钟表型千（百）分表和杠杆型千（百）分表。

机械式指示表是将微量直线位移通过杠杆和齿轮的放大机构转变为角位移，在刻度盘上
指示出来。如图5.6所示，当带有齿条的测杆9上移时，带动齿轮1和2转动，通过齿轮3和4
的二级传动，使齿轮5及其轴上的指针转动。弹簧8的作用是使齿轮传动时在同侧齿面啮合，
以消除侧隙误差。游丝7的作用是产生一定的测力。

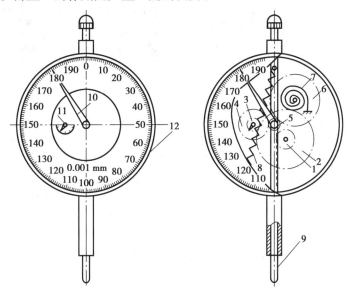

图5.6　千分表结构图

1—6—齿轮;7—游丝;8—弹簧;9—测杆;10—大指针;11—小指针

2）指示表读数方法

指示表长指针转动一周时，短指针转动一格。根据长、短指针转动的格数，就可读出测杆
移动的距离。

3）注意事项

①指示表应固定在可靠的表架上，根据测量需要，可选择带平台的表架或万能表架。

②指示表应牢固地装夹在表架夹具上，但夹紧力不宜过大，以免使装夹套筒变形卡住测
杆，应检查测杆移动是否灵活。因此需多次提拉指示表测杆，使之略微离开工件表面，放下测

杆使之与工件接触,在读数稳定后方可进行测量。

③在测量时,轻提测杆,将工件移至测头下面,缓慢下降测头,使之与工件接触。不准把工件强迫推至测头下,也不准急骤下降测头,以免产生瞬时冲击测力,给测量带来误差。在测头与工件表面接触时,测杆应有 0.3~1 mm 的压缩量,以保持一定的初始测力。

④测杆与被测表面必须垂直,否则将产生较大的测量误差。

⑤测量时注意表的测量范围,不要使测头位移超出量程,以免过度伸长弹簧,损坏指示表。

⑥不要使测头测杆作过多无效的运动,否则会加快零件磨损,使指示表失去精度。

(4)量块

如图 5.7 所示,量块用铬锰钢等特殊合金钢或线膨胀系数小、性质稳定、耐磨以及不易变形的其他材料制成。其形状有长方体和圆柱体两种。常用的是长方体。长方体的量块有两个平行的测量面,其余为非测量面。测量面极为光滑、平整,其表面粗糙度 Ra 值达 0.012 μm 以上,两测量面之间的距离即为量块的工作长度(标称长度)。标称长度到 5.5 mm 的量块,其公称值刻印在上测量面上;标称长度大于 5.5 mm 的量块,其公称长度值刻印在上测量面左侧较宽的一个非测量面上。

(a)   (b)

图 5.7　量块

国家计量检定规程 JJG 146—2003,将量块分为 1~5 等。量块的"级"和"等"是从成批制造和单个检定两种不同的角度出发,对其精度进行划分的两种形式。按"级"使用时,以标记在量块上的标称尺寸作为工作尺寸,该尺寸包含其制造误差。按"等"使用时,必须以检定后的实际尺寸作为工作尺寸,该尺寸不包含制造误差,但包含了检定时的测量误差。就同一量块而言,检定时的测量误差要比制造误差小得多。因此,量块按"等"使用时其精度比按"级"使用要高,能在保持量块原有使用精度的基础上延长其使用寿命。

量块是长度计量的量值传递系统中的标准器,用于检定低一等的量块、千分尺、卡尺、比较仪及一些光学量仪等,也常与比较仪一起利用相对法(见长度计量技术)测量工件尺寸。量块和量块附件在一起可组成不同尺寸用以检验一些内外尺寸,如孔径、孔距等,配以划线爪还可进行钳工划线等工作。其主要用途如下:

①作为长度标准,传递尺寸量值。

②用于检定测量口齿的示值误差。

③作为标准件,用比较法测量工件尺寸,或用来校准、调整测量器具的零位。

④用于直接测量零件尺寸。

⑤用于精密机床的调整和机械加工中精密划线。

量块在使用过程中,应注意以下 7 点:

①量块必须在使用有效期内,否则应及时送专业部门检定。

②使用环境良好,防止各种腐蚀性物质及灰尘对测量面的损伤,影响其黏合性。

③分清量块的"级"与"等",注意使用规则。

④所选量块应用航空汽油清洗、洁净软布擦干,待量块温度与环境湿度相同后方可使用。

⑤轻拿、轻放量块,杜绝磕碰、跌落等情况的发生。

⑥不得用手直接接触量块,以免造成汗液对量块的腐蚀及手温对测量精确度的影响。

⑦使用完毕,应用航空汽油清洗所用量块,并擦干后涂上防锈脂存于干燥处。

5.2　轴类零件的光学精密测量

【知识目标】

1.公差带与偏差的概念。

2.相对测量的概念与测量方法。

【技能目标】

1.掌握量块的正确组合方法与使用方法。

2.掌握使用立式光学计测量外径的方法。

5.2.1　实验设备

①量块。

②立式光学计。

③测量用的轴类工件。

5.2.2　实验内容

①用立式光学计测量轴类工件直径偏差。

②对测量数据进行分析处理,得出工件尺寸偏差和形状误差。

③判定工件精度是否符合设计要求。

5.2.3　实验原理

投影立式光学计是精密光学长度计量仪器之一,是工厂计量室,以及车间检定站或制造量具、工具与精密零件车间常用的精密仪器。它采用量块与被测件相比较的方法,测量零件外形的微差尺寸。它可检定量块以及高精度的柱形量规,对圆柱形、球形等工件的直径或样板工件的厚度以及外螺纹的中径也能作比较。若将投影光学计管从仪器上取下,安装在精密机床或其他设备上,可直接控制加工尺寸。投影立式光学计采用光学投影读数方法,是一种使用操作方便和工作效率较高的仪器。

如图 5.8(a)所示为投影立式光学计。它主要由底座、立柱、粗调螺母、支臂、锁紧螺钉、投影系统、提升杠杆、工作台及变压器等部分组成。

投影立式光学计的工作原理如图 5.8(b)所示。由白炽灯发出光线经过聚光镜和滤光片,通过隔热片照明分划板的刻线面,再通过反射棱镜后射向准直物镜。由于分划板的刻线面置于准直物镜的焦平面上,因此,成像光束通过准直物镜后成为一束平行光入射于平面反射镜上。根据自准直原理,分化板刻线的像被平面反射镜反射后,再经准直物镜被反射棱镜反射成像在投影物镜的物平面上,然后通过投影物镜,直角棱镜和反射镜成像在投影屏上,通过读数放大镜观察投影屏上的刻线像。

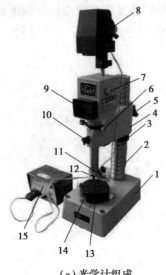

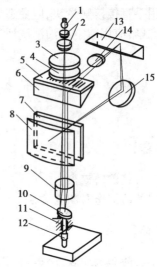

（a）光学计组成　　　　　　　　　　　　（b）光学计的工作原理图

图 5.8　投影式立式光学计组成与测量原理

（a）　　　　　　　　　　　　　　　　（b）

（a）	（b）
1—底座;2—立柱;3—粗调螺母;4—支臂;	1—灯泡;2—聚光镜;3—滤光片;
5—锁紧螺钉;6—微动凸轮;7—微调旋钮;	4—隔热片;5—分划板;6—反射棱镜;
8—投影系统;9—观察窗口;10—锁紧螺钉;	7—投影屏;8—读数放大镜;9—准直物镜;
11—提升杠杆;12—测帽;13—工作台;	10—平面反射镜;11—测量杆;12—测帽;
14—工作台调节旋钮;15—变压器	13—直角棱镜;14—投影物镜;15—反射镜

当测帽接触工件后,其测量杆使平面反射镜倾斜了一个角度 ϕ,在投影屏上就可看到刻线的像也随着移动了一定的距离 t(见图5.9)。设测量杆移动的距离为 S,其平面反射镜则以 O 为支点摆动 ϕ 角,因此 $\tan\phi = S/a$(其中,a 为测量杆轴线至平面反射镜的支点 O 的距离),故 $S = a\tan\phi$。根据反射定律,当平面反射镜转动了 ϕ 角时,其反射光线与入射光线夹角应为 2ϕ 角,令 $N_1M_1 = f$(即准直物镜焦距)。则 $\tan 2\phi = t/f$,故 $t = f\tan 2\phi$。因此,光学杠杆的传动比为

$$K = \frac{t}{S} = \frac{f\tan 2\phi}{a\tan\phi} \qquad (5.2)$$

由于 ϕ 角很小,可视作 $\tan 2\phi = 2\phi$,$\tan\phi = \phi$,故得

$$K = \frac{2f}{a}$$

假设投影物镜放大率为 X_1,读数放大镜的放大率为 X_2,则投影光学计的总放大率为

$$X = KX_1X_2 = \frac{2fX_1X_2}{a}$$

令光学计的准直物镜焦距 $f = 200$ mm,$a = 5$ mm,$X_1 = 18.75$,$X_2 = 1.1$,则 $X = 1\ 650$。

由上式可知,当测量杆移动 0.001 mm,经过 1 650 倍放大后,就相当于在投影屏上看到的 1.65 mm 的距离。其计算关系如图5.9所示。

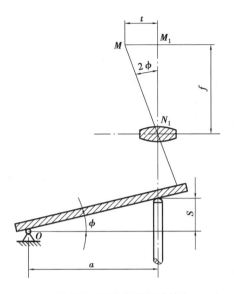

图 5.9　放大倍数的计算

5.2.4　实验步骤

①测头的选择。测头有球形、平面形和刀口形 3 种。根据被测零件表面的几何形状来选择,使测头与被测表面尽量满足点接触。因此,测量平面或圆柱面工件时,选用球形测头;测量球面工件时,选用平面形测头。测量小于 10 mm 的圆柱面工件时,选用刀口形测头。

②按被测工件的基本尺寸组合量块,并且使用量块的数量最少。

③调整光学计零位:

a.将量块组合好后,将下测量面置于工作台的中央,并使测帽对准上测量面中央。

b.粗调节。松开支臂锁紧螺钉,转动粗调螺母使支臂缓慢下降,直到测帽与量块上测面轻微接触,并能在视场中看到刻度尺象时,将锁紧螺钉锁紧。

c.细调节。松开紧固螺钉,转动调节凸轮,直至在目镜中观察到刻度尺像与 μ 指示线接近为止(见图 5.10(a)),然后拧紧螺钉。

d.微调节。转动刻度尺微调旋钮,使刻度尺的零线影像与 μ 指示线重合(见图 5.10(b)),然后压下测头提升杠杆数次,使零位显示稳定。

e.将测头抬起,取走量块。

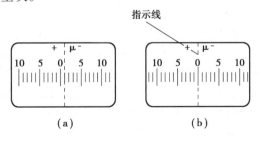

图 5.10　立式光学计的调零

④测量工件。按实验规定的部位(在 5 个横截面上的两个相互垂直的径向位置上)进行测量,把测量结果填入实验报告中。

⑤从国家标准 GB/T 1957—2006 中查出工件的尺寸公差和形状公差,判定所测量工件是

否满足精度要求。

5.2.5 思考题

①量块为什么不能直接用手拿？其正确的方式是什么？
②为什么要用数量最少的量块来组合出需要的尺寸？
③测量时为什么不能用力过大？

5.3 导轨类零件直线度误差的测量

【知识目标】

1.掌握直线度公差的概念。
2.掌握直线度误差评定的方法。

【技能目标】

1.掌握合像水平仪的使用方法。
2.掌握最小包容法求直线度误差的方法。

5.3.1 实验设备

①合像水平仪。
②桥型平尺。
③桥板。

5.3.2 实验内容

①用合像水平仪测量桥型平尺直线度误差。
②对测量数据进行分析处理。
③评定桥型平尺直线度误差。

5.3.3 实验原理

直线度误差是指实际被测直线对其理想直线的变动量,理想直线的位置符合最小条件。最小条件是指实际被测直线对其理想直线(评定基准)的最大变动量为最小。测量数据可用指示表测量实际被测直线上均匀布置的各测点相对平板(测量基准)的高度来获得,也可用水平仪或自准直仪对实际被测直线均匀布点测量,测量两相邻测点之间的高度差来获得。然后按照最小条件或以首尾两个测点的连线(两端点连线)作为评定基准,将获得的测量数据用作图或计算的方法求解直线度误差值。

机床、仪器导轨面或其他窄而长的平面,为了控制其直线度误差,常在给定平面(垂直平面,水平平面)内进行检测。常用的计量器具有框式水平仪、合像水平仪、电子水平仪及自准直仪等。这类器具的共同特点是测量微小角度的变化。由于被测表面存在直线度误差,计量器具置于不同的被测部位上,其倾斜角度就要发生相应的变化。节距(相邻两测点的距离)一经确定,这个变化的微小倾角与被测相邻两点的高低差就有确切的对应关系。通过对逐个节距的测量,得出变化的角度,通过作图或计算的方法求出被测表面的直线度误差值。由于合像水平仪的测量准确度高,测量范围大(± 10 mm/m),测量效率高,价格便宜,携带方便,因此,在检测工作中得到了广泛的应用。

合像水平仪的结构如图 5.11(a)、(b)所示。由底板和壳体组成外壳基体。其内部由杠杆、水准器、棱镜组、测量系统以及放大镜组成。使用时,将合像水平仪放于桥板(见图 5.12)上相对不动,再将桥板放于被测表面上。如果被测表面无直线度误差,并与自然水平面基准平行,此时水准器的气泡则位于两棱镜的中间位置,气泡边缘通过合像棱镜所产生的影像,在放大镜中观察将出现如图 5.11(c)所示的情况。但在实际测量中,由于被测表面安放位置不理想和被测表面本身不直,导致气泡移动,其视场情况将如图 5.11(d)所示。此时,可转动测微螺杆,使水准器转动一个角度,从而使气泡返回棱镜组的中间位置,则图 5.11(d)中两影像的错移量 Δ 消失而恢复成一个光滑的半圆头,如图 5.11(c)所示。测微螺杆移动量 s 导致水准器的转角 α 与被测表面相邻两点的高低差 h(μm)有确定的对应关系,即

$$h = CLa \tag{5.3}$$

式中　C——合像水平仪的分度值,mm/m,取 0.01 mm/m;

　　　L——桥板节距,mm;

　　　a——角度读数值,格(用格数来计数)。

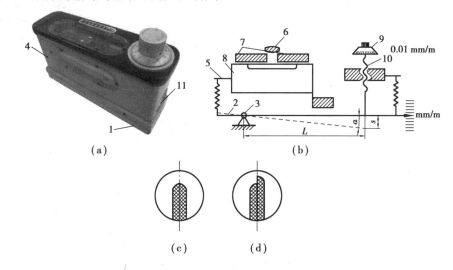

图 5.11　合像水平仪结构简图
1—底座;2—杠杆;3—支点;4—壳体;5—悬臂;6—放大镜;
7—棱镜组;8—水准器;9—微分旋钮;10—丝杠;11—放大镜

如此逐点测量,就可得到相应的 a_i 值,后面将结合实例对直线度误差的评定方法加以说明。

5.3.4　实验步骤

①量出被测表面总长,确定相邻两测点之间的距离(节距),按节距 L 调整如图 5.12 所示桥板的两圆柱中心距。

119

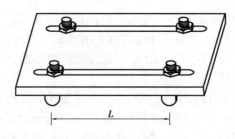

图 5.12　桥板

②将合像水平仪放于桥板上,然后将桥板依次放在各节距的位置,每放一个节距后,要旋转微分旋钮合像,使放大镜中出现如图 5.11(c)所示的情况,此时即可进行读数。先在放大镜处读数,它是反映丝杠的旋转圈数;微分旋钮(标有"+""-"旋转方向)的读数则是丝杠旋转一圈(100 格)的细分读数;如此顺测(从首点至终点)、回测(由终点至首点)各一次。回测时,桥板不能调头,各测点两次读数的平均值作为该点测量数据。必须注意,如某测点两次读数相差较大,说明测量情况不正常,应检查原因并加以消除后重测。

③为了作图方便,最好将各测点的读数平均值同减一个数而得出相对差(见例 5.1)。

④根据各测点的累积差,在坐标纸上取点。作图时,不要漏掉首点(零点),同时后一测点的坐标位置是以前一测点为基准,然后连接各点,得出误差折线。

⑤用两条平行直线包容误差折线,其中一条直线必须与误差折线两个最高(最低)点相切。在两切点之间,应有一个最低(最高)点与另一条平行直线相切。这两条平行直线之间的区域才是最小包容区域。两平行直线在纵坐标轴上的截距就是被测表面的直线度误差值 f(格)。

⑥将误差值 f(格)按式(5.3)折算成线性值 $f(\mu m)$,并按国家标准 GB/T 1184—1996 判定被测表面直线度是否合格。

例 5.1　用分度值为 0.01 mm/m 的合像水平仪测量工作长度为 1 200 mm 的导轨的直线度误差。所采用的桥板跨距为 200 mm,将导轨分成 6 段(7 个测点)进行测量。测量直线度记录数据和数据处理见表 5.1。若被测平面直线度的公差等级为 5 级,试用作图法评定该平面的直线度误差是否合格。

表 5.1　直线度数据记录及处理

测点序号 i		0	1	2	3	4	5	6
仪器读数 a_i/格	顺测	—	198	200	196	201	202	204
	回测	—	196	198	194	199	200	204
	平均	—	197	199	195	200	201	204
相对差/格 $\Delta a_i = a_i - a$		0	0	+2	-2	+3	+4	+7
累积差 $\sum_{i=1}^{i} \Delta a_i$		0	0	+2	0	+3	+7	+14

注:1. 表列读数:百位数是从图 5.11 的 11 处读得,十位、个位数是从图 5.11 的 9 处读得。

2. α 值可取任意数,但要有利于相对差数字的简化,例中取 $\alpha = 197$ 格。

解
$$f = 0.01 \frac{mm/m}{格} \times 200 \text{ mm} \times 7 \text{ 格} = 14 \text{ μm}$$

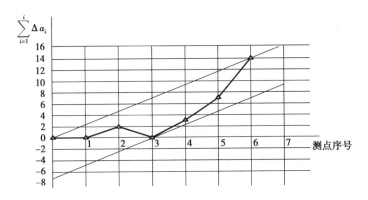

图 5.13　最小包容法求直线度误差

按国家标准 GB/T 1184—1996,直线度 5 级公差值为 20 μm。测量误差值 14 μm 小于公差值 20 μm,故被测工件直线度误差合格。

5.3.5　思考题

①测量时,怎么保证来回两次测量尽量在同一位置?
②测量时,为什么要注意不能用手压实验桌?

5.4　零件表面粗糙度的测量

【知识目标】

1.了解表面粗糙度的概念及定义方式。
2.掌握表面粗糙度的测量方法。

【技能目标】

1.掌握光切显微镜测量工件表面粗糙度的方法。
2.掌握微观不平十点高度差的计算方法。

5.4.1　实验设备

①光切双管显微镜。
②表面粗糙度样块。

5.4.2　实验内容

①用光切显微镜测量样块表面轮廓峰值。
②计算并评定样块微观不平十点高度差 Rz 是否合格。

5.4.3 实验原理

如图 5.14 所示,微观不平度十点高度 Rz 是在取样长度 l 内,从平行于轮廓中线 m 的任意一条线算起,到被测轮廓的 5 个最高点(峰)和 5 个最低点(谷)之间的平均距离,即

$$Rz = \frac{(h_2 + h_4 + \cdots + h_{10}) - (h_1 + h_3 + \cdots + h_9)}{5} \tag{5.4}$$

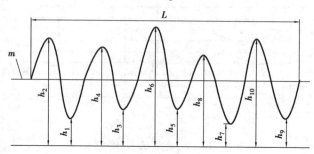

图 5.14 十点不平高度的定义

光切双管显微镜能测量 Rz 为 $1 \sim 80 \ \mu m$ 的表面粗糙度。

光切法显微镜如图 5.15 所示。它由底座、工作台、观察光管、投影光管、支臂及立柱等组成。

图 5.15 光切双管显微镜

1—底座;2—工作台;3—观察光管;4—目镜测微器;5—螺钉;6—调节手轮;
7—支臂;8—立柱;9—锁紧螺钉;10—支臂调节螺母;11—投影光管

光切法显微镜利用光切原理来测量表面粗糙度,如图 5.16 所示。被测表面为 P_1,P_2 阶梯表面,当一平行光束从 45°方向投射到测量表面上时,就被折成 S_1 和 S_2 两段。从垂直于光束的方向上就可在显微镜内看到 S_1 和 S_2 两段光带的放大的像 S_1' 和 S_2'。同样,S_1 和 S_2 之间的距离 h 也被放大为像 S_1' 和 S_2' 之间的距离 h_1'。通过测量和计算,可求得被测表面的不平度高度 h。

如图 5.17 所示为光切法显微镜的光学系统图。它由光源发出的光,经聚光镜、狭缝、物镜,以 45°方向投射到被测工件表面上。调整仪器使反射光束进入与投射光管垂直的观察光管内,经物镜成像在目镜分划板上,通过目镜可观察到凹凸不平的光带(见图 5.18(b))。光

带边缘即工件表面上被照亮了的 h_1 的放大轮廓像 h_1'，测量光带边缘的宽度 h_1'，可求出被测表面的不平度高度 h 为

$$h = h_1 \cos 45° = \frac{h_1'}{N} \cos 45° \tag{5.5}$$

式中　N——物镜放大倍率。

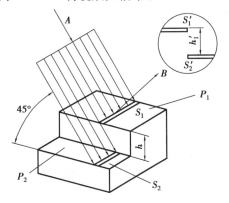

图 5.16　光切原理

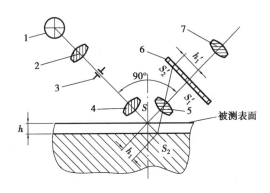

图 5.17　光切双管显微镜光学系统图
1—光源；2—聚光镜；3—狭缝；4,5—物镜；
6—目镜分划板；7—目镜

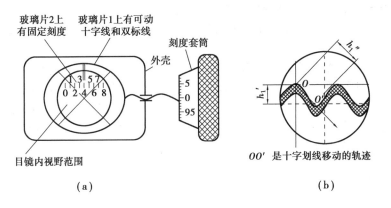

（a）　　　　　　　　　（b）

图 5.18　测微目镜中十字线的移动

为了测量和计算方便，测微目镜中十字线的移动方向（见图 5.18（a））和被测量光带边缘宽度 h_1' 成 45° 斜角（见图 5.18（b）），故目镜测微器刻度套筒上的读数值 h_1'' 与不平高度的关系为

$$h_1'' = \frac{h_1'}{\cos 45°} = \frac{Nh}{\cos^2 45°} \tag{5.6}$$

所以

$$h = \frac{h_1'' \cos^2 45°}{N} = \frac{h_1''}{2N} = Ch_1'' \tag{5.7}$$

式中　C——测微器刻度套筒的分度值或称换算关系，$C = 1/(2N)$。

5.4.4　实验步骤

①根据被测工件表面粗糙度的要求，按表 5.2 选择合适的物镜组，分别安装在投射光管和

观察光管的下端。

②接通电源。

③擦净被测工件,把它安放在工作台上,并使被测表面的切削痕迹的方向与光带垂直。当测量圆柱形工件时,应将工件置于 V 形块上。

表 5.2　物镜放大倍数与测量范围

物镜放大倍数 N	总放大倍数	视场直径/mm	物镜工作距离/mm	测量范围/μm
7 ×	60 ×	2.5	17.8	10 ~ 80
14 ×	120 ×	1.3	6.8	3.2 ~ 10
30 ×	260 ×	0.6	1.6	1.6 ~ 6.3
60 ×	520 ×	0.3	0.65	0.8 ~ 3.2

④粗调节。如图 5.15 所示,用手托住支臂,松开锁紧螺钉,缓慢旋转支臂调节螺母,使支臂上下移动,直到目镜中观察到绿色光带的影像,如图 5.18(b)所示。然后将螺钉紧固。要注意防止物镜与工件表面相碰,以免损坏物镜组。

⑤细调节。缓慢而往复转动调节手轮,使目镜中光带最狭窄,绿色光带影像最清晰并位于视场的中央。

⑥松开螺钉,转动目镜测微器,使目镜中十字线的一根线与光带轮廓中心线大致平行(此线代替平行于轮廓中线的直线),然后将螺钉紧固。

⑦根据被测表面粗糙度的数值,按国家标准 GB/T 1031—2009 的规定选取取样长度和评定长度。

⑧旋转目镜测微器的刻度套筒,使目镜中十字线的水平线与光带轮廓一边的峰(或谷)相切,如图 5.18(b)所示的实线,并从测微器读出被测表面的峰(或谷)的数值。以此类推,在取样长度范围内分别测出 5 个最高点(峰)和 5 个最低点(谷)的数值,然后计算出 Rz 的数值。

⑨纵向移动工作台,按测量步骤⑧在评定长度范围内,测出每个取样长度上的 Rz 值,取它们的平均值作为被测表面微观不平度十点高度。

5.4.5　思考题

①测量时,为什么只能测量光带的同一边缘,而不能在两个边缘上测量?

②测量表面粗糙度还有哪些方法?

5.5　螺纹中径误差的测量

【知识目标】

1.掌握螺纹各几何要素的定义。

2.掌握三针法测量中径的原理。

【技能目标】

1.能根据螺纹规格,选择正确的量针直径。

2.能正确使用外径千分尺和量针测量螺纹中径。

5.5.1 　实验设备

①外径千分尺。
②量针、螺纹工件。

5.5.2 　实验内容

用三针法测量螺纹工件中径。

5.5.3 　实验原理

如图 5.19 所示为用三针法测量外螺纹中径的原理。这是一种间接测量螺纹中径的方法。测量时,将 3 根精度很高、直径相同的量针放在被测螺纹的牙槽中,用测量外尺寸的计量器具(如千分尺、机械比较仪、光较仪、测长仪等)测量出尺寸 M,再根据被测螺纹的螺距 P、牙形半角 $\alpha/2$ 和量针直径 d_{m},计算出螺纹中径 d_2。由图 5.19 可知

$$d_2 = M - 2AC = M - 2(AD - CD) \tag{5.8}$$

$$AD = AB + BD = \frac{d_{\mathrm{m}}}{2} + \frac{d_{\mathrm{m}}}{2\sin\dfrac{\alpha}{2}} = \frac{d_{\mathrm{m}}}{2}\left(1 + \frac{1}{\sin\dfrac{\alpha}{2}}\right) \tag{5.9}$$

$$CD = \frac{P\cot\left(\dfrac{\alpha}{2}\right)}{4} \tag{5.10}$$

将 AD 和 CD 值代入上式,得

$$d_2 = M - d_{\mathrm{m}}\left(1 + \frac{1}{\sin\dfrac{\alpha}{2}}\right) + \frac{P}{2}\cot\frac{\alpha}{2} \tag{5.11}$$

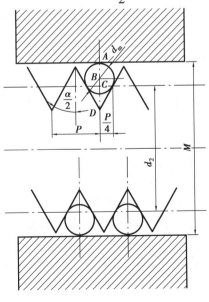

图 5.19　三针法测量螺纹中径原理图

对公制螺纹,$\alpha = 60°$,则

$$d_2 = M - 3d_m + 0.866P \tag{5.12}$$

为了减少螺纹牙形半角偏差对测量结果的影响,应选择合适的量针直径,该量针与螺纹牙形的切点恰好位于螺纹中径处。此时,所选择的量针直径 d_m 为最佳量针直径。由图 5.20 可知

$$d_m = \frac{P}{2\cos\dfrac{\alpha}{2}} \tag{5.13}$$

对公制螺纹,$\alpha = 60°$,则

$$d_m = 0.577P \tag{5.14}$$

在实际工作中,如果成套的三针中没有所需的最佳量针直径时,可选择与最佳量针直径相近的三针来测量。

量针的精度分成 0 级和 1 级两种。0 级用于测量中径公差为 $4 \sim 8 ~\mu m$ 的螺纹塞规;1 级用于测量中径公差大于 $8 ~\mu m$ 的螺纹塞规或螺纹工件。

测量 M 值所用的计量器具的种类很多,通常根据工件的精度要求来选择。本实验采用外径千分尺和三针来测量。如图 5.21 所示,千分尺固定在尺座上,三针挂架上悬挂与螺纹中径对应的三颗量针。

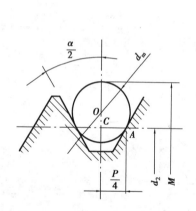

图 5.20　量针最佳直径计算示意图

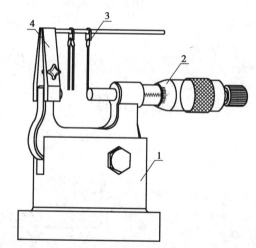

图 5.21　三针法测量螺纹中径
1—尺座;2—千分尺;3—量针;4—三针挂架

5.5.4　实验步骤

①根据被测螺纹的螺距,根据表 5.3 选取量针直径。

②在尺座上安装好外径千分尺和三针。

③擦净仪器和被测螺纹,校正外径千分尺零位。

④将三针放入螺纹牙槽中,旋转外径千分尺的微分筒,使两端测量头与三针接触,然后读出尺寸 M 的数值。

⑤在轴向上取 3 个不同位置,测出相应尺寸 M_1,M_2,M_3,用其平均值计算螺纹中径,然后判断螺纹中径是否合格。

表5.3　三针法测量常用普通螺纹的量针直径及 M 值

螺纹直径/mm	螺距/mm	小径/mm	中径/mm	计算量针/mm	选用量针/mm	测量 M 值/mm
1	0.25	0.729	0.838	0.144	0.142	1.048
1.2	0.25	0.929	1.038	0.144	0.142	1.248
1.4	0.3	1.075	1.205	0.173	0.170	1.455
1.7	0.35	1.321	1.473	0.202	0.201	1.773
2	0.4	1.567	1.74	0.231	0.232	2.09
2.3	0.4	1.867	2.04	0.231	0.232	2.39
2.5	0.45	2.013	2.208	0.260	0.260	2.598
3	0.5	2.459	2.675	0.289	0.291	3.115
3.5	0.6	2.851	3.11	0.346	0.343	3.619
4	0.7	3.242	3.545	0.404	0.402	4.145
4.5	0.75	3.688	4.013	0.433	0.433	4.663
5	0.8	4.134	4.48	0.462	0.461	5.17
6	1	4.918	5.351	0.577	0.572	6.201
7	1	5.918	6.351	0.577	0.572	7.201
8	1.25	6.647	7.188	0.721	0.724	8.278
9	1.25	7.647	8.188	0.721	0.724	9.278
10	1.5	8.376	9.026	0.866	0.866	10.325
11	1.5	9.376	10.026	0.866	0.866	11.325
12	1.75	10.106	10.863	1.010	1.008	12.372
14	2	11.835	12.701	1.154	1.157	14.44
16	2	13.835	14.701	1.154	1.157	16.44
18	2.5	15.294	16.376	1.443	1.441	18.534
20	2.5	17.294	18.376	1.443	1.441	20.534
22	2.5	19.294	20.376	1.443	1.441	22.534
24	3	20.753	22.052	1.731	1.732	24.65
27	3	23.753	25.052	1.731	1.732	27.65
30	3.5	26.211	27.727	2.020	2.020	30.756

5.5.5　思考题

①为什么要按螺纹的规格来选取量针直径？

②为什么要用量针中部的表面来测量螺纹中径？

③为什么要在螺纹不同的部位测量并取平均值来计算中径？

5.6　齿轮制造误差的测量

5.6.1　齿轮齿圈径向跳动量的测量

【知识目标】

1. 了解齿轮齿圈径向跳动的定义。
2. 了解齿圈径向跳动产生的原因。
3. 了解齿圈径向跳动对齿轮传动精度的影响。

【技能目标】

1. 能根据齿轮精度等级,正确查询齿轮的径向跳动公差。
2. 能正确使用齿圈径向跳动检查仪测量齿轮径向跳动量。

（1）实验设备
①待测齿轮。
②齿轮径向跳动检查仪、千分表。

（2）实验内容
用齿圈径向跳动检查仪测量齿轮齿圈径向跳动误差。

（3）实验原理
齿圈径向跳动 ΔF_r 是在齿轮一转范围内,测头在齿槽于齿高中部双面接触,测头相对于齿轮轴线的最大变动量。

齿轮的齿圈径向跳动测量方法有直接法和间接法两种。直接法的测量原理如图 5.22 所示。

直接法的测量仪器有齿圈径向跳动检查仪、万能测齿仪或普通的偏摆检查仪等。实验所采用的是齿圈径向跳动检查仪,如图 5.23 所示。它由底座、锁紧螺钉、顶尖座、回转盘、立柱、千分表、提升手把及顶尖等组成。该仪器可测量模数为 0.3 ~ 5 mm 的齿轮。为了测量各种不同模数的齿轮,检查仪备有不同直径的球形测量头。

间接法的测量仪器有齿轮单面啮合整体误差测量仪、万能齿轮测量机和三坐标测量机。

测量齿圈径向跳动误差时,测头应在齿高中部与齿面双面接触,故测量球或圆柱的直径 d 应按 GB/Z 18620.2—2008 选取。

此外,齿圈径向跳动检查仪还备有内接触杠杆和外接触杠杆。前者呈直线形,用于测量内齿轮的齿圈径向跳动和孔的径向跳动;后者呈直角三角形,用于测量圆锥齿轮的齿圈径向跳动和端面圆跳动。

（4）实验步骤
①根据被测齿轮的模数,选择合适的球形测量头装入千分表测量杆的下端。
②将被测齿轮和心轴装在仪器的两顶尖上,拧紧锁紧螺钉。
③调整千分表位置,使千分表测量头位于齿槽的中部,调整千分表的零位,并使其指针压

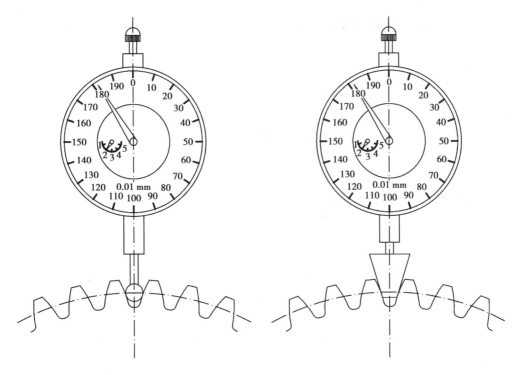

图 5.22　测头的测量位置

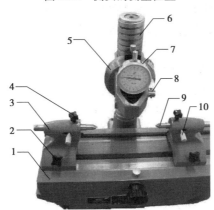

图 5.23　径向跳动检查仪外形图

1—底座;2,4—锁紧螺钉;3—顶尖座;5—回转盘;

6—立柱;7—千分表;8—提升手把;9—顶尖;10—顶尖拨动手柄

缩 1~2 圈。

④每测一齿,须抬起提升手把,使千分表的测量头离开齿面。逐齿测量一圈,并记录千分表的读数。

⑤处理测量数据,从 GB/T 10095.2—2008 查出齿圈的径向跳动公差 F_r,判断被测齿轮的合格性。

(5)思考题

①齿轮齿圈径向跳动是如何产生的? 如何减小该跳动?

②齿轮齿圈径向跳动会对齿轮的运动精度产生什么样的影响?

5.6.2 齿轮公法线长度变动的测量

【知识目标】

1. 了解齿轮公法线长度变动量的定义。
2. 了解齿圈公法线长度变动量产生的原因。
3. 了解齿圈公法线长度变动量对齿轮传动精度的影响。

【技能目标】

1. 能根据齿轮精度等级,正确查询齿轮的公法线长度变动公差。
2. 能正确使用公法线千分尺测量齿轮公法线长度变动量。

(1)实验设备
①待测齿轮。
②齿轮公法线千分尺。

(2)实验内容
用齿轮公法线千分尺测量齿轮公法线长度量以及计算公法线平均长度偏差。

(3)实验原理
1)相关定义
公法线长度变动量 ΔF_W 是指齿轮一周范围内,实际公法线的最大长度与最小长度之差。

公法线平均长度偏差 ΔE_W 是指在齿轮一周范围内,公法线实际长度的平均值与公称值之差。

2)直齿圆柱齿轮公法线公称长度的计算

直齿圆柱齿轮公法线公称长度的计算公式为

$$W_k = m \cos \alpha [\pi(k - 0.5) + z \operatorname{inv} \alpha] + 2mx \sin \alpha \tag{5.15}$$

式中　m——被测齿轮的模数;

　　　α——齿形角;

　　　z——被测齿轮齿数;

　　　k——跨齿数,$k = \alpha z/\pi + 0.5$,取成整数;

　　　x——变位系数。

当 $\alpha = 20°, x = 0$ 时,则

$$W_k = m[1.476(2k - 1) + 0.014z] \tag{5.16}$$

$$k = 0.111z + 0.5 \tag{5.17}$$

W_k 和 k 值也可从表 5.4 查出。

表 5.4　$m = 1, \alpha = 20°$ 标准直齿圆柱齿轮公法线公称长度

齿轮齿数 z	跨齿数 k	公法线公称长度 W_k	齿轮齿数 z	跨齿数 k	公法线公称长度 W_k	齿轮齿数 z	跨齿数 k	公法线公称长度 W_k
15	2	4.638 3	17	2	4.666 3	19	3	7.646 4
16	2	4.652 3	18	3	7.632 4	20	3	7.660 4

续表

齿轮齿数 z	跨齿数 k	公法线公称长度 W_k	齿轮齿数 z	跨齿数 k	公法线公称长度 W_k	齿轮齿数 z	跨齿数 k	公法线公称长度 W_k
21	3	7.674 4	31	4	10.766 6	41	5	13.858 8
22	3	7.688 4	32	4	10.780 6	42	5	13.872 8
23	3	7.702 4	33	4	10.794 6	43	5	13.886 8
24	3	7.716 5	34	4	10.808 6	44	5	13.900 8
25	3	7.730 5	35	4	10.822 6	45	6	16.867 0
26	3	7.744 5	36	5	13.788 8	46	6	16.888 1
27	4	10.710 6	37	5	13.802 8	47	6	16.895 0
28	4	10.724 6	38	5	13.816 8	48	6	16.909 0
29	4	10.738 6	39	5	13.830 8	49	6	16.823 0
30	4	10.752 6	40	5	13.844 8	50	6	16.937 0

注:对其他模数的齿轮,则将表中的数值乘以模数。

公法线长度可用公法线指示卡规、公法线千分尺或万能测齿仪、万能工具显微镜等测量。公法线千分尺是在普通千分尺上安装两个平面测头,其读数方法与普通千分尺相同。测量时,要求测头的测量平面在齿轮分度圆附近与左右齿廓相切,如图 5.24(a)、(b)所示。

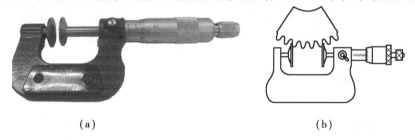

（a）　　　　　　　　　　　　　　　　　　　（b）

图 5.24　公法线千分尺

（4）实验步骤

①用标准校对棒或量块校对公法线千分尺的零位。

②按表 5.4 选定的跨齿数 k,用公法线千分尺沿齿圈逐齿测量公法线长度,并记录读数。

③计算公法线长度变动 ΔF_W。测量出的实际公法线长度中的最大值 W_{kmax} 与最小值 W_{kmin} 之差即为公法线长度变动 ΔF_W。

④计算公法线平均长度偏差 ΔE_W。求所有实测公法线长度的平均值 W_{ka},该平均值与公称值 W_k 之差即为公法线平均长度偏差 ΔE_W。

⑤根据被测齿轮的精度等级,判断其合格性。

（5）思考题

①齿轮公法线长度变动量是如何产生的？如何减小该变动量？

②齿轮公法线长度变动量会对齿轮的运动精度产生什么样的影响？

③为什么要考察齿轮的公法线平均长度偏差？其目的是什么？

第**6**章

机械制造技术基础

6.1　一维流动伯努利方程实验

【知识目标】

1. 验证静压原理。
2. 验证伯努利方程。

【能力目标】

1. 能通过观察流体流经能量方程试验管的能量转化情况,对实验中出现的现象进行分析,加深对能量方程的理解。
2. 掌握测量平均流速的方法。
3. 掌握用毕托管测量液体流速的方法。

6.1.1　实验设备

①伯努利方程仪实验台(见图6.1)。
②秒表。
③直尺。

6.1.2　实验内容

①验证静压原理。
②测量不同流量下能量方程实验管不同测点处轴心线流速与通流截面平均流速。
③测量不同流量下不同测点处的静压和总压。
④考察伯努利方程的守恒性。
⑤观察和计算流体流经能量方程实验管的沿程能量损失。
⑥考察流量与能量损失之间的关系。

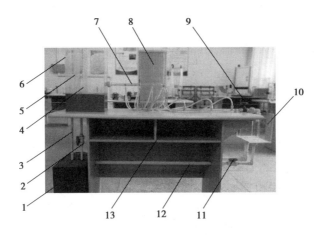

图 6.1　伯努利方程仪实验台

1—水箱及潜水泵；2—上水管；3—溢流管；4—整流栅；5—溢流板；6—定压水箱；
7—能量方程管；8—测压管；9—调节阀Ⅰ；10—计量水箱；11—调节阀Ⅱ；12—回水管；13—实验

6.1.3　实验原理

（1）理想液体的运动微分方程

在微元流束上取一段微元体，其受力情况如图 6.2 所示。

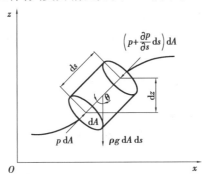

图 6.2　理想流体微元流束受力分析图

微元体所受的重力为

$$G = \rho g \, \mathrm{d}A \, \mathrm{d}s \tag{6.1}$$

微元体两端面所受压力差为

$$\Delta P = p\mathrm{d}A - \left(P + \frac{\partial p}{\partial s} \, \mathrm{d}s \right)\mathrm{d}A \tag{6.2}$$

微元体在定常流动条件下的加速度为

$$a = \frac{\mathrm{d}u}{\mathrm{d}t} = \frac{\partial u}{\partial s} \frac{\mathrm{d}s}{\mathrm{d}t} + \frac{\partial u}{\partial t} = u \frac{\partial u}{\partial s} \tag{6.3}$$

（注：定常流动条件下速度不随时间变化，因而 $\frac{\partial u}{\partial t} = 0$）

沿微元体速度方向，建立受力平衡方程为

$$p\mathrm{d}A - \left(P + \frac{\partial p}{\partial s}\mathrm{d}s \right)\mathrm{d}A - \rho g \cos \theta \, \mathrm{d}A \, \mathrm{d}s = \rho \, \mathrm{d}A \, \mathrm{d}s \cdot u \frac{\partial u}{\partial s} \tag{6.4}$$

因为 $\cos\theta = \dfrac{\partial z}{\partial s}$，可得

$$\frac{1}{\rho}\frac{\partial p}{\partial s} + g\frac{\partial z}{\partial s} + u\frac{\partial u}{\partial s} = 0 \tag{6.5}$$

考虑在定常流动中，p,z,u 跟时间无关，仅与 s 有关，故

$$\frac{1}{\rho}\,\mathrm{d}p + g\,\mathrm{d}z + u\,\mathrm{d}u = 0 \tag{6.6}$$

式(6.6)即为重力场中理想液体沿流线作定常流动时的运动方程，即欧拉运动方程。

（2）理想液体微小流束的伯努利方程

沿流线对欧拉运动方程积分得

$$\frac{p}{\rho} + gz + \frac{u^2}{2} = C \tag{6.7}$$

或对流线上任意两点且两边同除以 g，可得

$$\frac{p_1}{\rho g} + z_1 + \frac{u_1^2}{2g} = \frac{p_2}{\rho g} + z_2 + \frac{u_2^2}{2g} \tag{6.8}$$

以上两式即为理想液体微小流束作定常流动的伯努利方程。式(6.7)表明理想液体作定常流动时，沿同一流线对运动微分方程的积分为常数，沿不同的流线积分则为另一常数。这就是能量守恒规律在流体力学中的体现。式(6.8)表明理想液体作定常流动时，液体微小流束中任意截面处液体的总比能（即单位质量液体的总能量）为一定值。

（3）实际液体微小流束的伯努利方程

实际液体具有黏性，液体在流动过程中会因内摩擦产生能量损耗，将损耗考虑理想液体伯努利方程中，可得实际液体流束的伯努利方程为

$$\frac{p_1}{\rho} + z_1 g + \frac{u_1^2}{2} = \frac{p_2}{\rho} + z_2 g + \frac{u_2^2}{2} + h'_w g \tag{6.9}$$

（4）实际液体总流的伯努利方程

根据连续性方程和实际液体微小流束伯努利方程，可得实际液体总流的伯努利方程为

$$\int_{A_1}\left(\frac{p_1}{\rho} + z_1 g\right)u_1\,\mathrm{d}A_1 + \int_{A_1}\frac{u_1^2}{2}u_1\,\mathrm{d}A_1 = \int_{A_2}\left(\frac{p_2}{\rho} + z_2 g\right)u_2\,\mathrm{d}A_2 + \int_{A_2}\frac{u_2^2}{2}u_2\,\mathrm{d}A_2 + \int_q h'_w g\,\mathrm{d}q \tag{6.10}$$

考虑当截面的流动为缓流时 $\left(\dfrac{p}{\rho} + zg\right)$ 为常数，用比较容易测量的截面平均流速 v 代替 u，定义动能修正系数为

$$\alpha = \frac{\displaystyle\int_A \frac{u^2}{2}u\,\mathrm{d}A}{\displaystyle\int_A \frac{v^2}{2}v\,\mathrm{d}A} = \frac{\displaystyle\int_A u^3\,\mathrm{d}A}{v^3 A} \tag{6.11}$$

定义平均能量损耗为

$$h_w = \frac{\displaystyle\int_q h'_w\,\mathrm{d}q}{q} \tag{6.12}$$

可得

$$\frac{p_1}{\rho} + z_1 g + \frac{\alpha_1 v_1^2}{2} = \frac{p_2}{\rho} + z_2 g + \frac{\alpha_2 v_2^2}{2} + h_w g \tag{6.13}$$

（5）皮托管测流速原理

皮托(Henri Pitot)在 1773 年首次用一根弯成直角的玻璃管测量了塞纳河的流速。其原理如图 6.3 所示。

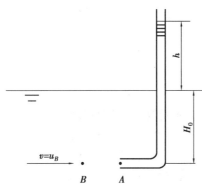

图 6.3　皮托管测速原理图

弯成直角的玻璃管两端开口,一端开口面向来流,另一端的开口向上通大气。管内液面上升到高出河面 h,水中的 A 端距离水面 H_0。A 端形成一驻点,驻点处压强称为驻点压强,或称总压,它应等于玻璃管内单位面积上液柱的重力,即 $\rho g(H_0+h)$;另外,驻点 A 上游的 B 点未受测管影响,且与 A 点位于同一水平流线上。应用伯努利方程对 B,A 两点列出

$$\frac{u_B^2}{2}+\frac{p_B}{\rho}=\frac{p_A}{\rho} \tag{6.14}$$

式中

$$p_B=\rho g H_0,\ p_A=\rho g(H_0+h)$$

故

$$u_B=\sqrt{\frac{2}{\rho}(p_A-p_B)}=\sqrt{2gh} \tag{6.15}$$

事实上,在 A 点测到的驻点压强与未受扰动的 B 点的总压是相同的。因此,只要测得某点的总压 $p+\rho u^2/2$ 和静压 p,就可求得该点的流速 u。上述这种测总压的管子,称为皮托管。需要注意的是,这里的静压并不是静止流体中的压强,而是流动流体中的压强,称其为静压只是用来区别动压 $\rho u^2/2$。

在测量封闭管道流体内静压时,如果流体的静压强沿管道横截面的变化可忽略不计(如气体在直管道内流动或者液体在直径不大的直管内流动),则可在管壁上开一小孔安装测压管。当流体静压强沿管道横截面的变化不能忽略时,变可用直角测压管测量,其外形和皮托管相仿,只是直角弯管的迎流端不开孔,而在迎流端之后的适当距离沿圆周开设测孔,以测流体静压。

6.1.4　实验步骤

①熟悉实验设备,理清各测压管与各静压测点、皮托管测点之间的对应关系。

②适当打开调节阀Ⅰ,全开调节阀Ⅱ,启动水泵令实验管充水排气,排气后关闭调节阀Ⅰ,观察各管水面是否平齐,验证静压原理(注意:若不平齐,则测管内可能存在气泡,要想办法排出气泡)。

③适当打开调节阀Ⅰ,注意定压水箱保持溢流,待各测压管液面平稳后记录各测点处的总

压和静压,利用皮托管测速公式计算测点流速,同时利用秒表和计量水箱测量一定时间内水流体积,计算流量,各段能量方程实验管内径已知,可测通流截面平均流速。注意观察各测点总压沿着水流方向的下降情况。

④通过调节调节阀Ⅰ开度调整流量,重复步骤③两次,注意观察随着流量的增加,各测点处总压下降情况。

⑤关闭水泵,全开调节阀Ⅰ和调节阀Ⅱ排水,待水排净后关闭各阀门。

6.1.5　注意事项

①各实验管、导流管、测量管不得受力,以免折断。

②移动水箱必须双手用力,并注意不要折断连接管道。

③水泵运行一段时间后,应取下滤网,清洗滤网及叶轮,以免叶轮不能灵活转动,烧毁水泵电机。若较长时间不用,一定要从供水箱中取出,晾干后,置于塑料袋中收存。

④注意用电安全,不能将水滴在插座、插头上,以免短路,造成事故。

⑤水箱水量必须充足,确保实验过程中定压水箱保持溢流,同时让潜水泵淹没至水中运行,否则将烧毁水泵电机。

6.1.6　思考题

①关闭调节阀Ⅰ时,各测压管液面是否齐平? 为什么?

②10 mm 管径处皮托管与静压管压差与 14 mm 管径处相比哪个大? 为什么?

③各测点处皮托管液面高度沿着流动方向变化趋势是怎样的? 为什么?

④随着流量增加,各测压管液面有何变化? 为什么?

6.2　液压与气压基础实验

【知识目标】

1.认知各种常用液压和气动元件,掌握其结构组成、工作原理及基本应用方法。

2.掌握各种常用液压和气动基本回路的组成及工作原理。

3.掌握液压和气动元件及回路图的画法。

【能力目标】

1.熟悉常用液压元件的性能和使用方法。

2.掌握油缸和气缸的速度控制、定位控制的基本方式。

3.锻炼动手能力,能根据液压原理图连接好液压和气压回路。

6.2.1　实验设备

①TC-QGY01 型液压气动 PLC 综合教学实验台(含气动元件)1 台。

②液压泵站(含油箱、液压泵、电动机、三位四通阀、溢流阀、液压表)1 套。

③五通接头若干。

④油管、气管(含快换接头)若干。

⑤油缸、三位四通换向阀、溢流阀各1个。

⑥两位两通/三通电磁换向阀、节流阀各2个。

6.2.2　实验内容

①按照实物连接图,连接好双作用气缸的进口速度调节回路。

②调节流量控制阀控制气缸运动速度。

③按照实物连接图连接好液压缸节流阀的进油节流调速回路。

④调节流量控制阀控制液压缸运动速度。

6.2.3　气动元器件的结构原理及功能介绍

(1)气动三联件

气动系统中分水滤气器、油雾器和调压阀常组合在一起使用,俗称"气动三联件",如图6.4所示。由空气压缩机排出的压缩空气虽然可满足气动系统工作时的压力和流量的要求,但其含有水蒸气和灰尘等污染物,这些污染物将会对气动系统造成一些不利的影响。因此,通常通过三联件将压缩机排出的气体进行净化处理。

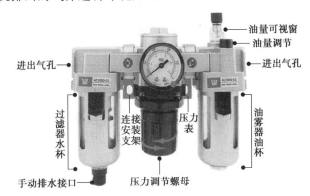

图6.4　气动三联件

三联件内部结构如图6.5所示,其技术参数见表6.1。

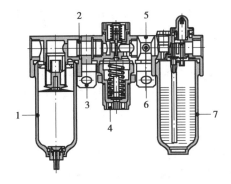

元件符号

图6.5　气动三联件结构示意图

1—分水滤气器;2—连接片;3—固定支架;4—调压阀;

5—固定片;6—内六角螺栓;7—油雾器

表 6.1　气动三联件技术参数

型　号	AC1500	AC2000	BC2000	BC3000	BC4000
工作介质	空气				
接口管径	PT1/8	PT1/4	PT1/4	PT3/8	PT1/2
滤芯精度	40 μm 或 5 μm				
调压范围	自动及差压排水式:0.15～0.9 MPa,手动排水式:0.15～0.9 MPa				
最高使用压力	1.0 MPa				
保证耐压力	1.5 MPa				
使用温度范围	−5～70 ℃(未冻结)				
滤水杯容量	15 mL		60 mL		
给油杯容量	25 mL		90 mL		
建议润滑用油	ISO VG32 或同级用油				
质量	700 g		900 g		
构成元件　分水滤气器	AF1500	AF2000	BF2000	BF3000	BF4000
调压阀	AR1500	AR2000	BR2000	BR3000	BR4000
油雾器	AL1500	AL2000	BL2000	BL3000	BL4000

1)分水滤气器

分水滤气器能除去压缩空气中的冷凝水、固态杂质和油滴,用于空气的精过滤。其工作原理是:当压缩空气从输入口流入后,由导流板(旋风挡板)引入滤杯中。旋风挡板使气流沿切线方向旋转,于是空气中的冷凝水、油滴和固态杂质等因质量较大,受离心力作用被甩到滤杯内壁上,并流到底部沉积起来;随后,空气流过滤心,进一步除去其中的固态杂质,并从输出口输出。拧开底部的排放螺栓,可排放掉沉积的冷凝水和杂质。

2)油雾器

油雾器是一种特殊的注油装置。油雾器可使润滑油雾化,并随气流进入需要润滑的部件,在那里气流撞壁,使润滑油附着在部件上,以达到润滑的目的。用这种方法注油,具有润滑均匀、稳定、耗油量少以及不需要大的储油设备等特点。

3)调压阀

调压阀的作用是将较高的输入压力调整到低于输入压力的调定压力输出,并能保持输出压力的稳定,以保证气动系统或装置的工作压力稳定,不受输出空气流量变化和气源压力波动的影响。

(2)消声器

消声器是一种允许气流通过而使声能衰减的装置,能降低气流通道上的空气动力性噪声,如图 6.6 所示。在气动系统中,压缩空气经换向阀向气缸等执行元件供气,动作完成后,又经换向阀向大气排气。由于阀内的气路复杂且又十分狭窄,压缩空气以接近声速的流速从排气口排出,空气急剧膨胀和压力变化产生高频噪声,声音十分刺耳。因此,一般在排气口安装消声器消声。

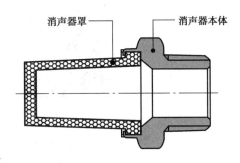

消声器罩　　消声器本体

图 6.6　消声器

（3）双作用气缸

双作用气缸是指两腔可分别输入压缩空气,实现双向运动的气缸。其结构可分为双活塞杆式、单活塞杆式、双活塞式、缓冲式及非缓冲式等。双作用气缸技术参数见表6.2。

表6.2　双作用气缸技术参数

使用压力范围	0.1~0.9 MPa	保证耐压力	1.35 MPa
使用温度范围	−5~70 ℃	使用速度范围	30~800 mm/s
接管口径	PT1/8	工作介质	空气

双作用单出杆式气缸内部结构如图6.7所示。

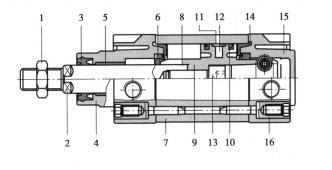

符号

图 6.7　双作用单出杆式气缸内部结构

1—螺母;2—活塞杆;3—前端盖密封圈;4—前端盖;5—衬套;6—缓冲密封圈;7—缸体;
8—O形环;9—活塞;10—活塞密封圈;11—耐磨环;12—磁铁;13—内六角螺栓;
14—缓冲密封垫;15—后端盖;16—自攻螺钉

（4）气压控制换向阀

气压控制换向阀是利用气体压力来获得轴向力,使主阀芯迅速地移动换向,从而使气体改变流向的。按施加压力的方式不同,可分为加压控制、泄压控制、差压控制及延时控制等。本设备所用到的气压控制换向阀为加压型单气控和双气控换向阀。单气控换向阀的工作原理为:在Z口没有气压的情况下,阀内部弹簧处于自然状态,P与A接通,B与S接通。A出气,S排气。当Z口气压达到能克服弹簧弹力时,P与B接通,A与S接通。B出气,A,S为排气通道,如图6.8所示。双气控与单气控类似,所不同的只是把弹簧改为了气压控制。气压控制换向阀技术参数见表6.3。

图 6.8　气压控制换向阀

表 6.3　气压控制换向阀技术参数

工作介质	空气	动作方式	外部控制
有效截面积	12 mm^2	最高动作能力	5 次/s
接管口径	PT1/8	最大耐压力	1.2 MPa
工作温度	−5~60 ℃	使用压力	0.15~0.8 MPa

气压控制换向阀内部结构如图 6.9 所示。

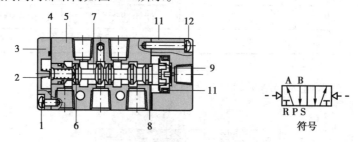

图 6.9　气压控制换向阀内部结构

1—圆头螺钉;2—弹簧;3—底盖;4—止泄垫;5—阀体;6—O 形密封圈;
7—阀芯;8—耐磨环;9—活塞;10—引导本体;11—O 形密封圈;12—圆头螺钉

（5）电磁控制换向阀

电磁控制换向阀是利用电磁力来获得轴向力使阀芯心迅速移动方向的。它由电磁铁控制部分和主阀两部分组成。本设备中所用电磁阀的工作原理与气控阀类似。电磁控制换向阀技术参数见表 6.4。

表 6.4　电磁控制换向阀技术参数

接管口径	PT1/8	工作温度	−5~60 ℃
有效截面积	12 mm^2	最大耐压力	1.2 MPa
使用压力	0.15~0.8 MPa	最高动作能力	5 次/s

电磁控制换向阀内部结构如图 6.10 所示。

（6）单向型控制阀

单向型方向控制阀包括单向阀、梭阀、双压阀及快速排气阀等。

1）单向阀

单向阀是最简单的一种单向型方向阀。它控制气体只能朝一个方向流动,而不能反向流动。电磁控制换向阀内部结构如图 6.11 所示。

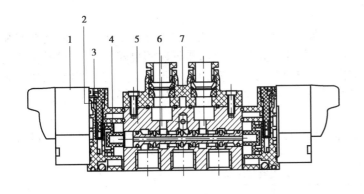

图 6.10　电磁控制换向阀内部结构

1—电磁铁;2—手动销;3—引导本体;4—大活塞;5—阀体;6—阀芯;7—转接块

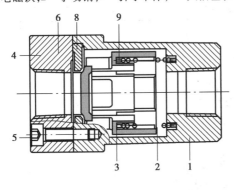

图 6.11　电磁控制换向阀内部结构

1—阀体;2—弹簧;3—阀芯;4—端盖;5—内六角螺栓;6—O 形环;7—垫片;8—密封垫;9—缓冲垫

2)梭阀(或门)

梭阀相当于由两个单向阀组合而成。它有两个输入口和一个输出口,在回路中起逻辑"或"的作用,又称或门型梭阀。梭阀技术参数见表 6.5。

表 6.5　梭阀技术参数

接管口径	PT1/8	工作温度	−10~80 ℃
有效截面积	7.5 mm²	最大耐压力	1 MPa
使用压力	0~1 MPa	工作介质	空气

3)双压阀(与门)

双压阀又称与门型梭阀,有两个输入口和一个输出口。当两个输入口都有输入时,输出口 A 才有输出。双压阀技术参数见表 6.6。

表 6.6　双压阀技术参数

接管口径	PT1/8	工作温度	−10~80 ℃
有效截面积	14 mm²	最大耐压力	1 MPa
使用压力	0~1 MPa	工作介质	空气

141

4）快速排气阀

快速排气阀主要用于气缸排气，以加快气缸的动作速度。通常气缸的排气是从气缸的腔室经管路及换向阀而排出的。若气缸到换向阀的距离较长，排气时间也较长，气缸的动作速度缓慢。采用快速排气阀后，则气缸内的气体就直接从快速排气阀排出。在实际使用中，快速排气阀应配置在需要快速排气的气动执行元件附近，否则将会影响快排效果。

（7）**节流阀**

节流阀是用来调节流过的空气流量，以改变气缸运动速度或应用于其他需要节流的场合。节流阀技术参数见表6.7。

表6.7　节流阀技术参数

接管口径	PT1/8	工作温度	$-5 \sim 60 \ ℃$
有效截面积	$12 \ mm^2$	最大耐压力	1.5 MPa
使用压力	$0.05 \sim 0.95$ MPa	工作介质	空气

节流阀内部结构如图6.12所示。

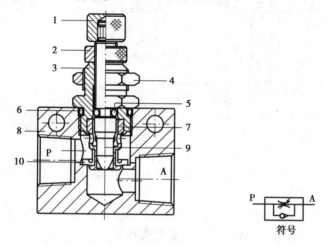

图6.12　节流阀内部结构

1—调节帽；2—锁紧螺母；3—节流体；4—六角螺母；5，6—O形环；
7—节流套；8—阀体；9—阀芯；10—异型密封圈

（8）**L形单向节流阀（限出型）**

此单向节流阀是由单向阀和节流阀并联而成的组合式流量控制阀。当气体沿正向流动时，节流阀节流；反向流动时，气体直接从单向阀通过，不发生节流。此单向节流阀一般安装在气缸和换向阀之间。

（9）**机械阀**

机械控制阀是利用执行机构或其他机构的机械运动，借助凸轮、滚轮、杠杆及撞块等机构使阀换向的。它主要用于行程程序控制系统，常用作为信号阀。机械阀技术参数见表6.8。

表6.8　机械阀技术参数

接管口径	PT1/8	工作温度	$-5 \sim 60 \ ℃$
使用压力	$0 \sim 0.8$ MPa	工作介质	空气

机械阀内部结构如图 6.13 所示。

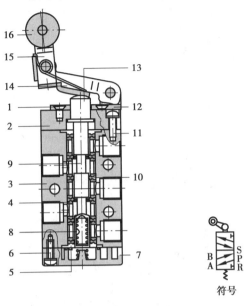

图 6.13　机械阀内部结构

1—十字圆头螺钉;2—前盖;3—本体;4—隔套;5—定位块;6—十字圆头螺钉;
7—底盖;8—弹簧;9—阀芯;10—异型密封圈;11—十字圆头螺钉;
12—滚轮固定座;13—轴头;14—旋转座;15—摇臂;16—滚轮

(10)手动换向阀

手动换向阀借助人为的动作来控制气体的换向。手动换向阀技术参数见表 6.9。

表 6.9　手动换向阀技术参数

接管口径	PT1/8	工作温度	−5 ~ 60 ℃
使用压力	0 ~ 0.8 MPa	工作介质	空气
动作方式	直动式	操作摇摆角度	±15°

手动换向阀内部结构如图 6.14 所示。

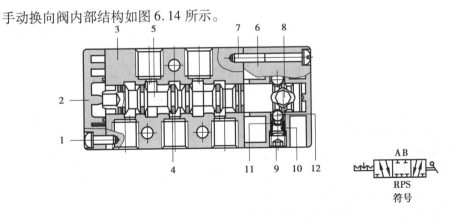

图 6.14　手动换向阀内部结构

1—十字圆头螺钉;2—底盖;3—本体;4—O 形环;5—阀芯;6—手动换向阀上盖;
7—十字圆头螺钉;8—轴头;9—内六角止付螺钉;10—弹簧;11—钢珠护套;12—钢珠

（11）插入式管接头

插入式管接头适用于尼龙管、塑料管的连接。使用时,把需用长度的管子垂直切断,修去切口毛刺,将管子插入接头内,使管子通过弹簧片和密封圈达到底部,即可牢固的连接、密封。拆卸管子时,用手将管子向接头里推一下,同时向里推压管接头外的顶套,即可拔出管子。

6.2.4　实验步骤

（1）双作用气缸的进口速度调节回路

如图 6.15 所示为双作用气缸的进口速度调节回路管路连接图。

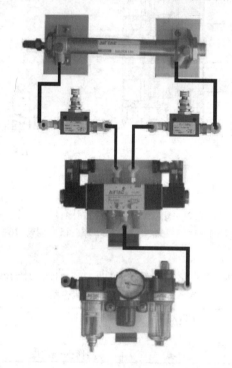

图 6.15　双作用气缸的进口速度调节回路管路连接图

实验步骤如下:

①根据实验的需要选择元件(单杆双作用缸、单向节流阀两只、二位五通双电磁换向阀、三联件、连接软管),并检验元件的实用性能是否正常。

②按图搭建实验回路。根据实物连接,采用标准符号绘制气动原理图。

③将二位五通双电磁换向阀的电源输入口插入相应的控制板输出口。

④确认连接安装正确稳妥,把三联件的调压旋钮放松,通电,开启气泵。待泵工作正常,再次调节三联件的调压旋钮,使回路中的压力在系统工作压力以内。

⑤当电磁阀得电后,压缩空气通过三联件经过电磁阀再过单向节流阀进入缸的工腔,活塞在压缩空气的作用下向右运动。在此过程中,调节左边的单向节流阀的开口大小就能调节活塞的运动速度,实现了进口调速功能。

⑥当电磁阀右位接入时,压缩空气经过电磁阀的右边再经过右边的单向节流阀进入缸的右腔,活塞在压缩空气的作用下向左运行。而在此过程中调节左边的单向节流阀就不再起作用,只有调节右边的单向节流阀才能控制活塞的运动速度。

⑦实验完毕后,关闭泵,切断电源,待回路压力为零时,拆卸回路,清理元器件并放回规定的位置。

试一试:

①把回路中单向节流阀拆掉重做一次实验,气缸的活塞运动是否会很平稳,而且冲击效果是否很明显? 回路中用单向节流阀的作用是什么?

②三位五通双电磁换向阀是否能实现缸的定位? 想一想主要是利用了三位五通双电磁阀的什么机能。

(2)液压缸节流阀的进油节流调速回路

熟悉实验台上的所有实验器材和设备的性能、用法,本次实验不涉及电气连接。了解进口节流调速回路的组成及性能,并与其他节流调速行行比较。

如图 6.16 所示为液压缸节流阀的进油节流调速回路实物连接图。

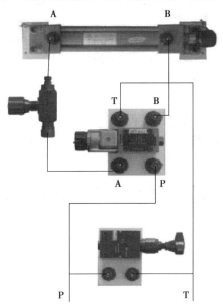

图 6.16　液压缸节流阀的进油节流调速回路实物连接图

实验步骤如下:

①按照实验实物连接图,选取所需的液压元件,并检查性能是否完好。绘制液压控制系统回路图。

②将检验好的液压元件安装在插件板的适当位置,通过快速接头和软管按回路要求连接;然后把相应的电磁换向阀插头插到输出孔内。

③依照实物图,确认安装和连接正确;放松溢流阀、启动泵、调节溢流阀的压力,调节单向节流阀开口大小。

④电磁换向阀通电换向,通过对电磁换向阀的控制就可以实现活塞的伸出和缩回。

⑤通过调节溢液阀的压力大小,也可控制了回路中的整体压力,进而调节了活塞的运动速度。

⑥在运行的过程中,通过调节单向节流阀开口的大小,就可控制活塞运动的快慢。

⑦当活塞以稳定速度运动时,活塞的受力平衡方程为

$$P_1 A_2 = P_2 A_2 + F_L \tag{6.16}$$

式中　p_2——液压缸回油腔压力,由于回油腔通油箱,$p_2 = 0$

　　因此,$p_1 = F_L/A_1 = p_L$,p_L 为克服负载所需的压力,称为负载压力,故得

$$v = \frac{q_1}{A_1} = \frac{KA_T \sqrt{p_s A_1 - F_L}}{A^{1.5}} \tag{6.17}$$

式中　v——速度;

　　　K——取决于节流阀阀口和油液特性的液阻系数;

　　　A_T——节流阀通流面积;

　　　A_1——缸截面;

　　　F_L——负载力;

　　　p_s——溢流阀调定后的定值。

　　这个方程反映了速度 v 与负载 F_L 的关系。按不同节流阀通流面积 A_T 作图,可得进油节节流调速回路中的速度-负载特性曲线。

　　实验完毕后,首先旋松回路中的溢液阀手柄,然后将泵关闭。确认回路中压力为零后,方可将胶管和元件取下,并清理元件放入规定的抽屉内。

6.2.5　思考题

①谈谈你在气动液压回路组装调试过程中的心得体会。

②绘制分析实验中的气动液压系统回路图。

6.3　液压泵性能及节流调速性能实验

6.3.1　液压泵的性能测试

【知识目标】

1.了解液压泵的主要性能参数。

2.熟悉液压泵性能测试实验设备的结构和工作原理。

3.掌握液压泵的工作原理和基本测试方法,测绘液压泵的性能曲线。

【能力目标】

1.熟悉液压泵的结构及工作原理。

2.能根据工作条件,选用合适的液压泵种类。

3.能根据液压泵性能曲线,评价液压泵的性能。

（1）实验设备

①TC-QGY01 型液压气动 PLC 综合教学实验台(含气动元件)。

②液压泵站(含油箱、液压泵、电动机、三位四通阀、溢流阀、液压表)。

③五通接头。

④油管、气管(含快换接头)。

⑤流量传感器。

⑥转速表、流量表。

（2）**实验内容**

①根据液压原理图,连接好液压回路。

②测试液压泵的性能。

③绘制液压泵的性能曲线。

（3）**实验原理**

1）液压原理图

如图6.17所示为液压原理图。

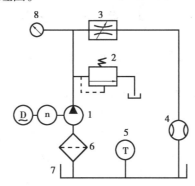

图6.17　液压原理图

1—液压泵;2—溢流阀;3—节流阀;4—流量计;

5—温度计;6—过滤器;7—油箱;8—压力表

2）实验设备介绍

①TC-QGP01型液压传动综合教学实验装置的主要特点

a. 该系统全部采用标准的工业液压元件,使用安全可靠,贴近实际。

b. 快速而可靠的连接方式,特殊的密封接口,保证实验组装随便、快捷,拆接不漏油,清洁干净。

c. 精确的测量仪器,方便的测量方式,操作简单,读数准确。

d. 可编程序控制器（PLC）电气控制实验,机电液一体控制实验形式。

②TC-QGP01型液压传动综合教学实验装置的组成

TC-QGP01型液压传动综合教学实验装置由实验台架、液压泵站、常用液压元件及电气测控单元等组成,如图6.18所示。

图6.18　TC-QGP01型液压传动综合教学实验装置

A. 实验台架

实验台架由实验安装面板(铝合金型材)、实验操作台等构成。安装面板为带"T"沟槽形式的铝合金型材结构,可方便、随意地安装液压元件,搭接实验回路。

B. 液压泵站

系统额定工作压力:6 MPa。

a. 电机-泵装置(1 台)。

变量叶片泵-电机 1 台。

泵:低压变量叶片泵,公称排量 8.3 mL/r,压力调节范围为 1.5~6 MPa。

电机:三相交流电压,功率 1.5 kW,转速 1 450 r/min。

b. 油箱:公称容积 25 L;附有液位、油温指示计、滤油器等。

C. 常用液压元件

每个液压元件均配有油路过渡底板,可方便、随意地将液压元件安放在实验面板(铝合金型材)上。

油路搭接采用开闭式快换接头,拆接方便,不漏油。

D. 电气测控单元

可编程序控制器(PLC):采用日本三菱 FX1N,I/O 口 60 点,继电器输出形式,电源电压为 AC 220 V/50 Hz,控制电压为 DC24 V,安全可靠,方便灵活;配有压力表、流量计、转速表及定时器等测量工具。电气面板如图 6.19 所示。

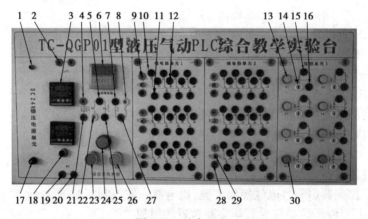

图 6.19　电气面板

1—上电指示灯;2—开关电源 +24 V 输出端口;3—转速表;4—时间继电器 +24 V 输入端;

5—时间继电器公共端;6—时间继电器;7—时间继电器复位端;8—时间继电器暂停端;

9—继电器输入端;10—继电器常闭端;11—继电器公共端;12—继电器常开端;

13—不自锁按钮;14—常开触点;15—公共端;16—常闭端;17—保险丝;18—流量表;

19—流量信号输入端;20—开关电源 0 V 输出端口;21—时间继电器 0 V 输入端;

22—时间继电器常开端;23—液压泵停止按钮;24—指示灯;25—时间继电器常闭端;

26—液压泵启动按钮;27—公共端;28—继电器指示灯;29—继电器 0 V 输入端;30—自锁按钮

(4)实验原理

1)液压泵的流量-压力特性

测定液压泵在不同工作压力下的实际输出流量,得出流量-压力特性曲线 $q=f_q(p)$。

实验中,压力由压力表直接读出,各种压力时的流量由流量计直接读出。实验中可使溢流阀作为安全阀使用,调节其压力值为 7.0~7.5 MPa,用节流阀调节泵出口工作压力的大小,由流量计测得液压泵在不同压力下的实际输出流量,直到节流阀调小使液压泵出口压力达到额定压力 6.0 MPa 为止。给定不同的出口压力,测出对应的输出流量,即可得出该泵的特性曲线。

2)液压泵的容积效率-压力特性

测定液压泵在不同工作压力下,它的容积效率-压力的变化特性曲线 $\eta_v = f_v(p)$,则

$$\eta_v = \frac{q}{q_T} = \frac{q}{q_o} \tag{6.18}$$

故 $\eta_v = q/q_{理}$,由 $q = f_q(p)$,则

$$\eta_v = \frac{f_q(p)}{q_{理}} = f_v(p)$$

式中　q_T——理论流量,液压系统中,通常是以泵的空载流量来代替理论流量(或 $q_{理} = nv$,n 为空载转速,v 为泵的排量);

　　　q——实际流量,不同工作压力下泵的实际输出流量;

　　　q_o——空载流量。

3)液压泵的输出功率-压力特性

测定液压泵在不同工作压力下,它的实际输出功率和输出压力的变化关系曲线 $N_o = f_N(p)$。

输出功率为

$$N_o = pq = pf_q(p) = f_N(p) \tag{6.19}$$

4)液压泵的总效率-压力特性

测定液压泵在不同工作压力下,它的总效率和输出压力之间的变化关系 $\eta = f_\eta(p)$ 曲线,则

$$\eta = \frac{N_o}{N_i} = \frac{pq}{N_i} = f_\eta(p) \tag{6.20}$$

式中　N_i——泵的输入功率,实际上 N_i 为泵的输入扭矩 T 与角速度 ω 的乘积,因扭矩 T 不易测量,这里用电动机的输入电流功率 D 近似表示,该值可从实验台功率表上针对不同的输出压力时直接读出。

(5)实验步骤

①了解和熟悉实验台液压系统的工作原理及各元件的作用,明确注意事项。

②检查油路连接是否牢靠。

③按下述步骤调节及实验。

将溢流阀开至最大,启动液压泵,关闭节流阀,通过溢流阀调整液压泵的压力至 7 MPa,使其高于液压泵的额定压力 6.0 MPa 而作为安全阀使用。

将节流阀开至最大,测出泵的空载流量,即泵的理论流量 q_T。

通过逐级关小节流阀对液压泵进行加载,测出不同负载压力下的相关数据,包括液压泵的压力 p、泵的输出流量 q、泵的输入功率 N_i 及泵的输入转速 n(参数)。

压力 p 通过压力表读出,输出流量 q 通过流量计读出,输入功率 N_i 通过台面上功率表读出,转速 n 通过台面上转速表直接读出。

实验完成后,放松溢流阀,关停电机,待回路中压力为零后拆卸元件,清理好元件并归类放入规定的抽屉内。

(6)思考题

①液压泵的工作压力大于额定压力时能否使用? 为什么?

②从 $\eta\text{-}p$ 曲线中得到什么启发?（从泵的合理使用方面考虑）

③在液压泵特性试验液压系统中,溢流阀起什么作用?

④节流阀为什么能对被试泵加载?（可用流量公式 $Q = K\alpha\sqrt{\Delta p}$ 进行分析）

6.3.2　节流阀的特性测试

【知识目标】

1.学会测试各种节流调速的性能,并作其速度-负载特性曲线。

2.分析并比较节流阀与调速阀的性能优劣。

【能力目标】

1.熟悉节流阀的结构及工作原理。

2.能根据工作条件,选用合适的节流阀种类。

3.能根据节流阀的特性曲线,评价节流阀的性能。

（1）**实验设备**

①TC-QGY01 型液压气动 PLC 综合教学实验台(含气动元件)。

②液压泵站(含油箱、液压泵、电动机、三位四通阀、溢流阀、液压表)。

③五通接头。

④油管、气管(含快换接头)。

⑤流量传感器。

⑥转速表、流量表。

⑦压力表。

（2）**实验内容**

①根据液压原理图,连接好液压回路。

②测试液压泵的性能。

③绘制液压泵的性能曲线。

（3）**实验原理**

1)液压原理图

如图 6.20 所示为液压原理图。

注:油源的流量要大于被试阀的试验流量,允许回路中增设调节压力、流量或保证试验系统安全工作的元件。

2)测量点的位置

测量压力点的位置:进口测压点应设置被试阀的上游,距被试阀的距离为 $5d$（d 为管道通径）;出口测压点应设置在被试阀的 $10d$ 处。

注:测量仪表连接时,要排除连接管道内的空气。

测温点的位置:设置在油箱的一侧,直接浸泡在液压油中。

3)实验用液压油的清洁度等级

固体颗粒污染等级代号不得高于 19/16。

（4）**实验步骤**

稳态压力-流量特性实验操作步骤如下:

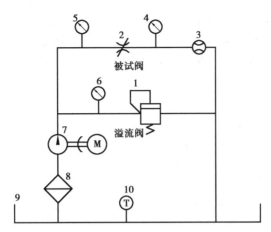

图 6.20　液压原理图

1—溢流阀;2—节流阀;3—流量计;4,5,6—压力表;

7—液压泵;8—过滤器;9—油箱;10—温度计

①先关闭节流阀,将溢流阀全部打开,启动泵 0.5 min,排出管内的空气。

②关闭溢流阀,调节节流阀,到需要的压力值(如 5 MPa)。

③调定好后,完全打开溢流阀,使通过节流阀的流量为零,逐渐关闭溢流阀,同时记录相对应的压力、流量等各表值,据压差与流量的数值绘制曲线图。

(5)思考题

①采用节流阀的进油路节流调速回路,当节流阀的通流面积变化时,它的速度-负载特性如何?

②在进、回油路节流调速回路中,采用单活塞杆液压缸时,若使用的元件规格相同,问哪种回路能使液压缸获得更低的稳定速度? 如果获得同样的稳定速度,问哪种回路的节流元件通流面积较大?

③采用调速阀的进油路节流调速回路,为什么速度-负载特性变硬(速度刚度变大)? 而在最后,速度却下降得很快?

④比较采用节流阀进、旁油路节流调速回路的速度-负载特性哪个较硬? 为什么?

⑤分析并观察各种节流调速回路液压泵出口压力的变化规律,指出哪种调速情况下功率较大? 哪种经济?

⑥各种节流调速回路中液压缸最大承载能力各取决于什么参数?

6.4　油缸液压回路设计与组装实验

【知识目标】

1.熟悉常用液压元件的性能和使用方法。

2.熟悉油缸的速度控制、定位控制的基本方式。

【能力目标】

1.能通过对组合机床动力滑台液压系统的分析,结合现有的液压元件,设计出能实现机床的一个典型运动轨迹的运动控制方案。

2.能对该液压系统进行组装、调试,使之最终能实现预期的运动轨迹。

3.具备一定的液压回路分析和排除故障的能力。

6.4.1 实验设备

①TC-QGY01型液压气动PLC综合教学实验台。

②液压泵站(含油箱、液压泵、电动机、三位四通阀、溢流阀、液压表)。

③五通接头。

④油管(含快换接头)。

⑤油缸、三位四通换向阀、溢流阀。

⑥两位两通换向阀、节流阀。

6.4.2 实验内容

①熟悉液压元件、电气元件和基本油路的构成。

②能根据提供的元件,设计一个液压系统的动作循环,可参照油缸"快进—工进—停留—快退—原位停止"的速度控制和往复位移控制方案,也可自行选题。

③掌握液压元件的工作原理及连接方法,完成基本油路的设计及组装。

④完成一个从方案设计、油路设计到油路组装、连接以及系统调试、优化等涵盖工程设计实施全过程的训练。

6.4.3 实验原理

组合机床是由通用部件和某些专用部件所组成的高效率和自动化程度较高的专用机床。它能完成钻、镗、铣、刮端面、倒角及攻螺纹等加工,以及工件的转位、定位、夹紧及输送等动作。

动力滑台是组合机床的一种通用部件。在滑台上可配置各种工艺用途的切削头,如安装动力箱和主轴箱、钻削头、铣削头、镗削头、镗孔及车端面等。在组合机床液压动力滑台上,可实现多种不同的工作循环,其中一种较典型的工作循环是:快进——工进——二工进——死挡铁停留——快退——停止。完成这一动作循环的动力滑台液压系统采用限压式变量叶片泵供油,并使液压缸差动连接,以实现快速运动。由电液换向阀换向,用行程阀、液控顺序阀实现快进与工进的转换,用二位二通电磁换向阀实现一工进和二工进之间的速度换接。

本实验要求同学根据如图6.21所示的液压系统的动作循环,设计液压系统原理图。

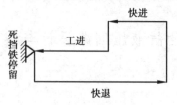

图6.21 液压系统的动作循环

6.4.4 实验步骤及内容

(1)检查、熟悉实验器材和设备

熟悉实验台上的所有实验器材和设备的性能、用法,本次实验不涉及电气连接。

①液压泵站。采用的液压泵站包含油箱、液压泵、电动机、溢流阀及液压表。液压泵站的输出油压可通过溢流阀进行调节。在实验中,油压一般限制为 2~3 MPa。

②油管、五通接头、油缸、三位四通换向阀、两位两通换向阀、节流阀等都是用快换接头连接的,操作十分方便,连接可靠。具体的连接方法实验指导老师会讲解。

(2)设计组装油路

1)油路设计

进行基本油路的设计(压力回路、换向回路和调速回路、液压站),根据如图 6.21 所示液压系统的动作循环设计液压系统原理图,经指导老师检查确认。根据同学所设计液压系统原理图,找齐搭建液压回路所需的液压元件。

2)基本油路的组装

根据自己设计的基本油路进行基本油路的组装。

3)参看原理图——连接液压元件

从液压泵站供油口开始连接,注意连接快换接头一定要连接到位,否则在实验中漏油。对三位四通换向阀要找准其 P,T,A,B 口。

4)参看原理图——画出得电顺序表

根据动作循环图及液压原理图得到油缸"快进—工进—快退"各状态下各个电磁阀的得电情况。

实验完成之后,拆除油路,将液压元件清点无误后,放回原处,并通知指导老师检查。

6.4.5　实验结果及分析

①谈谈你在油路组装调试过程中的心得体会。

②绘制设计的液压系统回路图。

③实验后,你认为自己设计的液压系统回路有哪些地方需要改进,请详细说明。

6.5　车刀角度测量实验

【知识目标】

掌握车刀主要几何角度的定义。

【能力目标】

1.掌握使用车刀量角台测量车刀几何角度的方法。

2.能通过对车刀几何角度的测量,绘制车刀几何角度图。

6.5.1　实验设备

①车刀量角台。

②右偏刀和切槽刀。

6.5.2　实验内容

①用车刀量角台分别测量右偏刀和切槽刀的前角 γ_o、后角 α_o、主偏角 κ_r、副偏角 κ_r'、刃倾

角 λ_s。

②绘制车刀几何角度图。

6.5.3 实验原理

（1）车刀几何角度

车刀由刀柄和刀头组成。刀柄是车刀的夹持部分,刀头是切削部分。如图 6.22 所示,刀头由前刀面 A_γ、后刀面 A_α、副后刀面 A_α'、主切削刃 S、副切削刃 S' 及刀尖构成。

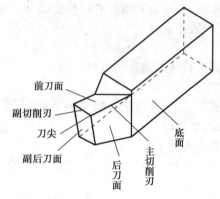

图 6.22　车刀切削部分的构成

给出假定工作条件,就可建立刀具的正交平面静止参考系,如图 6.23 所示。假定工作条件包含假定运动条件和假定安装条件。

1)假定运动条件

以切削刃选定点位于工件中心高时的主运动方向,作为假定主运动方向;以切削刃选定点的进给运动方向,作为假定进给运动方向,不考虑进给运动的大小。

2)假定安装条件

假定车刀安装绝对正确,即安装车刀时,刀尖与工件中心等高,车刀刀杆对称面垂直于工件轴线。

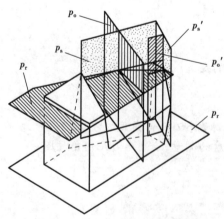

图 6.23　正交平面静止参考坐标平面

正交平面静止参考系由相互垂直的 p_r,p_s,p_o 3 个坐标平面组成。具体定义如下:

①基面 p_r

通过切削刃选定点,垂直于假定主运动方向的平面,称为基面。对车刀,基面平行于车刀刀杆底面。

②切削平面 p_s

通过切削刃选定点,与主切削刃相切并垂直于基面的平面,称为切削平面。

③正交平面 p_o

通过切削刃选定点,同时垂直于基面与切削平面的平面,称为正交平面。

从上面建立的正交平面静止参考系中,可标出主偏角 κ_r、刃倾角 λ_s、前角 γ_o、后角 α_o,如图 6.24 所示。

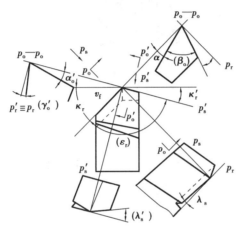

图 6.24 正交平面静止参考系标注的角度

具体定义如下:

主偏角 κ_r。基面中测量的主切削刃与假定进给运动方向之间的夹角,称为主偏角。

刃倾角 λ_s。切削平面中测量的主切削刃与过刀尖所作基面之间的夹角,称为刃倾角。

前角 γ_o。正交平面中测量的前刀面与基面之间的夹角,称为前角。

后角 α_o。正交平面中测量的后刀面与切削平面之间的夹角,称为后角。

同理,对副切削刃可建立起副基面 p_r'、副切削平面 p_s' 和副正交平面 p_o',从而定义出副偏角 κ_r' 和副后角 α_o'。

(2)车刀量角台工作原理

车刀量角台是测量车刀几何角度的专用量角仪,如图 6.25 所示。圆形底盘的周边刻有从 0°起向顺、逆时针两个方向各 100°的刻度,其上的工作台可绕小轴转动,转动的角度由工作台上的指针指示出来。工作台上的定位块和导条固定在一起,能在工作台上的滑槽内平行滑动。

立柱是一根矩形螺纹丝杠,固定安装在底盘上,旋转丝杠上的大螺母,可使滑体沿立柱的导向槽上下滑动。用小螺钉在滑体上固定了一个小刻度盘,在小刻度盘的外面,用旋钮将弯板的一端锁紧在滑体上。当松开旋钮时,弯板以旋钮为轴,可顺、逆时针方向转动,其转动的角度用弯板上的小指针在小刻度盘上指示出来。用两个螺钉把扇形大刻度盘固定在弯板的另一端,用特制的螺钉轴把大指针安装在大刻度盘上。大指针可绕螺钉轴顺、逆时针方向转动,并在大刻度盘上指示出转动的角度。两个销轴可限制大指针转动的极限位置。

当工作台指针、大指针和小指针都处在0°时,大指针的前面 a 和侧面 b 垂直于工作台的平面,而大指针的底面平行于工作台的平面。测量车刀几何角度时,根据被测角度转动工作台,同时调整放在工作台上的车刀位置,再旋转大螺母,使滑体带动大指针上升或下降到适当的位置,然后用大指针的前面 a(或侧面 b 或底面 c)与构成被测角度的面或线紧密贴合,从大刻度盘上读出大指针指示的被测角度数值。

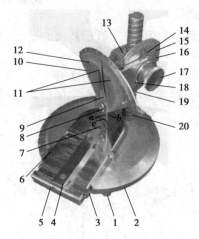

图 6.25　车刀量角台

1—支角;2—底盘;3—导条;4—定位块;5—工作台;6—工作台指针;
7—小轴;8—螺钉轴;9—大指针;10—销轴;11—螺钉;12—大刻度盘;13—滑体;
14—小指针;15—小刻度盘;16—小螺钉;17—旋钮;18—弯板;19—大螺母;20—立柱

6.5.4　实验步骤

测量车刀几何角度时,车刀置于工作台台面上,侧面紧靠定位块。测量车刀几何角度的顺序依次是 κ_r—λ_s—γ_o—α_o—κ_r'。

(1)校准车刀量角台的原始位置

用车刀量角台测量车刀几何角度之前,必须先把车刀量角台的大指针、小指针和工作台指针全部调整到零位,然后把车刀按如图 6.26 所示平放在工作台上。这种状态下,车刀量角台位置为测量车刀几何角度的原始位置。

(2)测量主偏角 κ_r

从如图 6.26 所示的原始位置起,按顺时针方向转动工作台(工作台平面相当于基面),让主刀刃和大指针前面 a 紧密贴合(见图 6.27),则工作台指针在底盘上所指示的刻度值就是主偏角 κ_r 的数值。

(3)测量刃倾角 λ_s

使大指针底面 c 和主刀刃紧密贴合(大指针前面 a 相当于切削平面)(见图 6.28),则大指针在大刻度盘上所指示的刻度值就是刃倾角 λ_s 的数值。指针在 0°线左边为正,右边为负。

(4)前角 γ_o 的测量

前角 γ_o 的测量必须在测量完主偏角 κ_r 之后才能进行。

从测完主偏角 κ_r 的位置起(见图 6.27),将工作台逆时针转动 90°,此时主刀刃在基面上的投影恰好垂直于大指针前面 a(相当于主剖面),然后让大指针底面 c 紧密贴合在前刀面上,并且通过主刀刃上的选定点(见图 6.29),则大指针在大刻度盘上所示的刻度值就是主剖面前角 γ_o 的数值。指针在 0°线右边为正,左边为负。

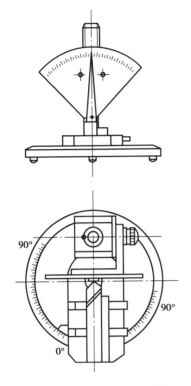

图 6.26　测量车刀标注角度的原始位置

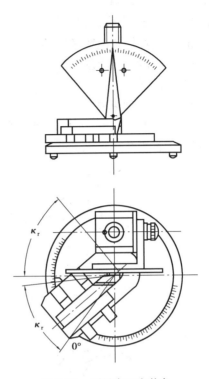

图 6.27　测量车刀主偏角

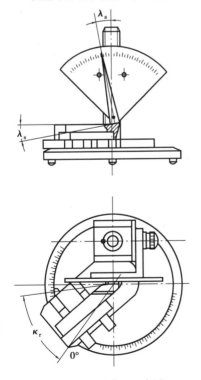

图 6.28　测量车刀刃倾角

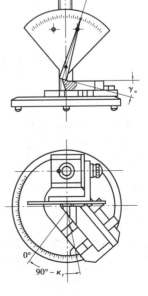

图 6.29　测量车刀前角

（5）**后角 α_o 的测量**

在测完前角 γ_o 之后，向右平行移动车刀（这时，定位块可能要移到车刀的左边，但仍要保证车刀侧面与定位块侧面紧靠），使大指针侧面 b 和后刀面紧密贴合，并通过主刀刃上的选定点（见图 6.30），则大指针在大刻度盘上所指示的刻度值就是主剖面后角 α_o 的数值。指针在 0°线左为正，右为负。

（6）**副偏角 κ_r' 的测量**

参照测量主偏角 κ_r 的方法，逆时针转动工作台，使副刀刃和大指针前面 a 紧密贴合（见图 6.31），则工作台指针在底盘上所指示的刻度值就是副偏角 κ_r' 的数值。

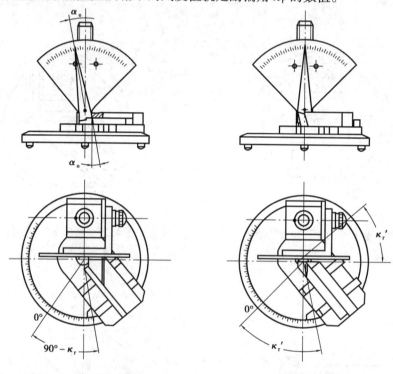

图 6.30　测量车刀后角　　　　　图 6.31　测量车刀副偏角

6.5.5　注意事项

①测量时，必须先明确主刀刃、副刀刃、前刀面、后刀面及进给方向。

②测量时，大指针前面 a、侧面 b 和底面 c 须与被测部位紧密贴合。

③防止大指针与工作台或车刀发生碰撞，以免损坏设备，降低测量精度。

④测量角度值应精确到 0.5°。

6.5.6　思考题

①车刀的进给运动及安装位置对车刀的工作角度有什么影响？

②车刀各角度的功用和选择原则是什么？

6.6　机床结构剖析

【知识目标】

1. 了解普通卧式车床的组成。
2. 了解机床的主要参数。
3. 了解机床的传动系统。
4. 了解机床主轴箱、进给箱、溜板箱的结构及功能。

【能力目标】

能根据测量结果,结合车床传动系统图计算机床各传动链的转动比。

6.6.1　实验设备

①CA6140 型普通卧式车床。
②内六角扳手、活动扳手、螺丝刀、钢卷尺及手电筒。

6.6.2　实验内容

①根据机床外形图,识别机床各组成部分,测量机床第一主参数。
②观察主轴箱内齿轮啮合关系,对照传动路线图,写出在某一给定转速下的运动平衡式。
③观察加工螺纹时从主轴到丝杠的传动路线。
④观察主轴箱中摩擦离合器的结构,了解其工作原理。

6.6.3　实验原理

车床作为应用最广泛的金属切削加工设备之一,按其结构和用途主要分为卧式车床、立式车床、转塔车床、多刀半自动车床、仿形车床及仿形半自动车床、单轴自动车床、多轴自动车床及多轴半自动车床等。此外,还有各种专门化车床,如凸轮轴车床、铲齿车床、曲轴车床、高精度丝杠车床及车轮车床等。其中,以普通卧式车床应用最为广泛,CA6140 车床是其代表。

实验以 CA6140 普通车床为例,对机床的主要结构部件、主要技术性能以及机床的传动系统作详细分析。

（1）CA6140 车床的主要技术参数

CA6140 车床的主要技术参数见表 6.10。

表 6.10　CA6140 车床的主要技术参数

项　目	技术参数
在床身上最大加工直径/mm	400
在刀架上最大加工直径/mm	210
主轴可通过的最大棒料直径/mm	48
最大加工长度/mm	650,900,1 400,1 900

159

续表

项　目	技术参数
中心高/mm	205
顶尖距/mm	750，1 000，1 500，2 000
主轴内孔锥度	莫氏 6 号
主轴转速范围/(r·min^{-1})	10~1 400(24 级)
纵向进给量/(mm·r^{-1})	0.028~6.33(64 级)
横向进给量/(mm·r^{-1})	0.014~3.16(64 级)
加工米制螺纹/mm	1~192(44 种)
加工英制螺纹/(牙·in^{-1})	2~24(20 种)
加工模数螺纹/mm	0.25~48(39 种)
加工径节螺纹/(牙·in^{-1})	1~96(37 种)
主电动机功率/kW	7.5

(2)CA6140 型普通车床总体布局

如图 6.32 所示为 CA6140 型普通车床总体布局。

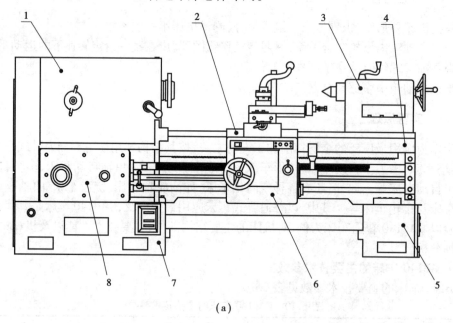

(a)

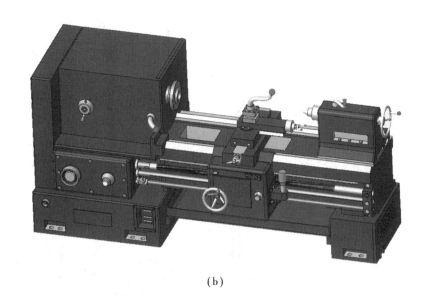

(b)

图 6.32　CA6140 卧式车床总体布局图

1—主轴箱;2—纵溜板;3—尾座;4—床身;5—右床座;6—溜板箱;7—左床座;8—进给箱

(3)CA6140 普通车床的传动系统

CA6140 普通车床的传动系统如图 6.33 所示。

主轴箱中有双向多片式摩擦离合器、制动器和操纵机构。双向摩擦离合器装在轴Ⅰ上(见图 6.34),内摩擦片装在轴Ⅰ的花键上,与轴Ⅰ一起转动。外摩擦片外圆上相当于键的 4 个凸起装在齿轮的缺口槽中,外片空套在轴Ⅰ上。当向上扳动操纵轴上的手柄时,拉杆向外移动,齿扇顺时针方向转动,齿条通过拨叉使滑套向右移动。

将元宝销(杠杆)的右端压下,由于元宝销是用销轴装在轴Ⅰ上的,因此,此时元宝销顺时针摆动,推动装在轴Ⅰ内孔中的拉杆向左移动,拉杆通过长销带动压套向左压,左离合器压紧,主轴正转。同理,向下扳动手柄时,右离合器压紧,主轴反转。当手柄处于中间位置时,离合器脱开,制动器制动,主轴停止转动。

6.6.4　实验步骤

①切断机床动力电源。

②找到机床铭牌,抄记有关机床的型号、主参数等数据。

③观察机床外形,依次指出机床各部件的名称。测量机床主轴高度及前后顶尖(尾座位于平导轨尾端)的距离。

④拧开主轴箱上盖与主轴箱体的联接螺栓,推开主轴箱盖(注意,不要碰坏刮油板或打油齿轮)。观察主轴箱的润滑系统结构、油封形式,了解主轴箱的润滑系统及各传动件的润滑油流经路径。

⑤观察主轴箱内各轴及轴上齿轮的空间位置,注意哪些轴上的齿轮可轴向滑动,哪些轴上的齿轮固定不动。

按照给定的主轴转速,观察动力从主轴箱输入轴到主轴之间的传动路径。可通过扳动调速手柄,转动主轴上的卡盘,观察齿轮啮合情况,并在主轴箱展开图上找出相互啮合齿轮的标号,并记录下来。

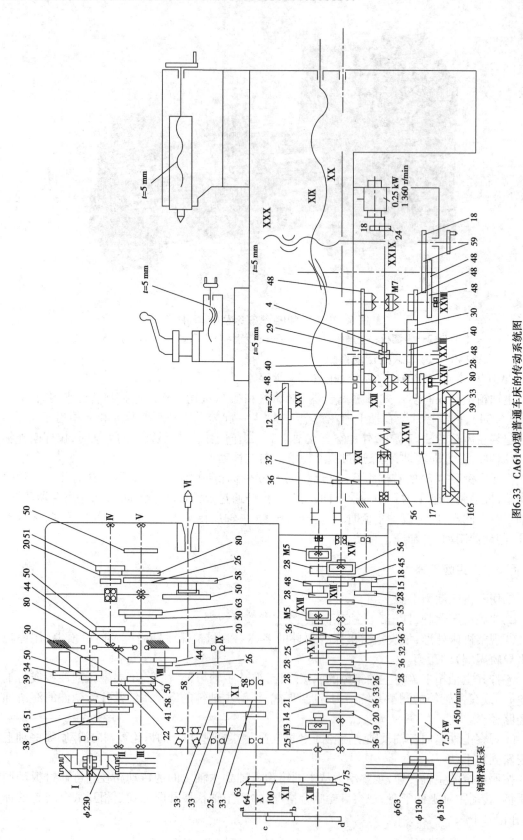

图6.33 CA6140型普通车床的传动系统图

如图 6.34 所示,在主轴箱中找出 I 轴及双向多片摩擦离合器。用螺丝刀压下弹簧销,顺时针推动螺母转动两个齿,观察离合器摩擦片间距离变化,然后再逆时针推动螺母转过两个齿,注意调整过程中摩擦片间距离变化情况。

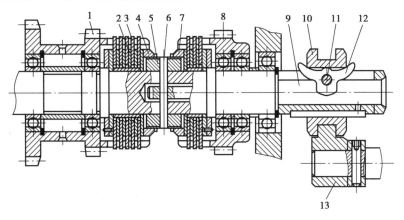

图 6.34　双向多片摩擦离合器

1—双联齿轮;2—内摩擦片;3—外摩擦片;4,7—螺母;5—压套;6—长销;
8—齿轮;9—拉杆;10—滑套;11—销轴;12—元宝销;13—拨叉

结合图 6.35 观察主轴前轴承、后轴承,轴上齿轮、离合器的构造,了解前轴承、后轴承的作用及调整方法。

⑥打开挂轮架盖,了解挂轮架的结构、用途和调整方法。

⑦拧开进给箱盖与进给箱联接螺钉,打开进给箱,观察从主轴箱输出到进给箱输出轴之间各零件的联接方式。扳动调整手柄,观察进给箱中齿轮轴向移动的情况。

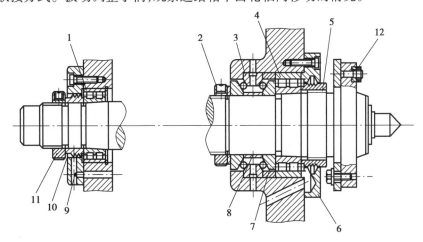

图 6.35　CA6140 主轴剖面图

1,4—双列短圆柱滚子轴承;2,5,11—螺母;3—双向推力角接触球轴承;6,9—轴承端盖;
7—隔套;8—调整垫圈;10—套筒;12—端面键

6.6.5　思考题

①车床主轴箱中多片摩擦离合器装在第几号轴上? 为什么不装在主轴上?

②光杆和丝杠各有什么用途？

③车床主轴箱上的油槽有什么用途？

④CA6140 车床有几条传动链？其起始元件和末端元件是哪个元件？

第**7**章

机械静态测试基础

7.1 伸臂梁挠度与转角测量

【知识目标】

测量伸臂梁弯曲时的挠度 y 与铰支座处转角 θ,验证梁弯曲变形挠度和转角计算公式。

【能力目标】

1. 了解百分表和磁性表座的结构和工作原理。
2. 能使用百分表和磁性表座测量小变形。

7.1.1 实验设备

①多用应力实验台。
②百分表。
③磁性表座。
④直尺。

7.1.2 实验内容

测量简支梁弯曲时的挠度 y 与转角 θ。

7.1.3 实验原理

（1）基本原理

梁弯曲变形时,以变形前的梁轴线为 x 轴,垂直向上的轴为 y 轴,xy 平面则为梁的纵向对称面。在对称弯曲情况下,受载后梁的轴线将变成 xy 平面内的一条曲线,称为挠曲线。挠曲线上任意一点的纵坐标表示横截面的形心沿 y 方向的位移,称为挠度。这样挠曲线的方程式可写为

$$f = (x) \tag{7.1}$$

弯曲变形中,梁的横截面对原来位置转过的角度 θ,称为截面转角。根据平面假设,弯曲变形前垂直于轴线(x 轴)的横截面,变形后仍垂直于挠曲线。因此,截面转角 θ 就是 y 轴与挠曲线法线的夹角。它应等于挠曲线的倾角,即等于 x 轴与挠曲线切线的夹角,则

$$\tan\theta = \frac{dy}{dx} \qquad \theta = \arctan\left(\frac{dy}{dx}\right) \tag{7.2}$$

规定向上的挠度和逆时针的转角为正值。

在工程问题中,梁的挠度一般都远小于梁的跨度,挠曲线 $y = f(x)$ 是一条非常平坦的曲线,转角 θ 也是一个非常小的角度,故

$$\theta \approx \tan\theta = \frac{dy}{dx} = f'(x) \tag{7.3}$$

根据材料力学知识可知

$$\frac{d^2y}{dx^2} = \frac{M}{EI} \tag{7.4}$$

式中　M——梁所受弯矩;

　　　I——截面惯性矩;

　　　E——弹性模量。

对式(7.4)积分,可得转角方程和挠曲线方程为

$$\theta = \frac{dy}{dx} = \int \frac{M}{EI}dx + C \tag{7.5}$$

$$y = \iint\left(\frac{M}{EI}dx\right)dx + Cx + D \tag{7.6}$$

边界条件:

①固定端约束挠度和转角等于零。

②铰支座上挠度等于零。

③弯曲变形对称点上,转角等于零。

(2)实验台挠度、转角方程

如图 7.1 所示,简支梁挠曲线方程为

$$y = -\frac{Px}{48EI}(3L^2 - 4x^2) \qquad (0 \leqslant x \leqslant L/2) \tag{7.7}$$

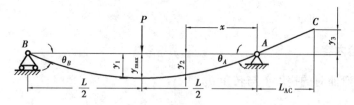

图 7.1　伸臂梁挠度及转角

端面转角为

$$\theta_A = -\theta_B = \frac{PL^2}{16EI} \tag{7.8}$$

最大挠度为

$$y_{max} = -\frac{PL^3}{48EI} \tag{7.9}$$

7.1.4　实验步骤

①布置测点：在伸臂梁跨距中点和一个任选位置，以及伸臂梁延长端布置测点，正确安装百分表和磁性表座。

②百分表调零。

③用 100 N 的砝码进行等增量加载，每次增加 100 N，总共加 400 N。

④记录数据。

⑤根据测得的伸臂梁延长端端面纵向位移量 y_3，计算转角 $\theta \approx \tan \theta = y_3 / L_{AC}$。

7.1.5　注意事项

①在安装百分表时，应使百分表有合适的压缩量（约 2 mm）。

②磁性表座各关节的紧固旋钮不能拧得过紧，以免破坏。

③确保砝码盘拉杆和底盘的螺栓联接可靠。

④在加载的过程中，一定要将砝码盘的拉杆插入砝码中间，避免砝码掉下，造成事故。

⑤加载过程避免冲击和晃动。

7.1.6　思考题

安装百分表和磁性表座的过程中应注意哪些问题？

7.2　纯弯曲正应力电测实验

【知识目标】

测定矩形截面梁纯弯曲正应力，验证弯曲变形横截面正应力计算公式。

【能力目标】

1. 了解箔式电阻应变计工作原理。

2. 掌握电测法的原理和基本测试技术，了解其适用条件。

3. 能分析实验结果与理论值产生差异的原因。

4. 掌握 BZ6104 多功能信号采集分析仪静态电阻应变仪部分的使用方法。

7.2.1　实验设备

①BZ6104 多功能信号采集分析仪。

②微型计算机。

③多用应力实验台。

④120 Ω 规格电阻应变片。

7.2.2　实验内容

测定矩形截面梁正应力的大小与分布。

7.2.3 实验原理

根据虎克定律 $\sigma = E\varepsilon$，当受力构件材料的弹性模量 E 为已知，若能使用某种方法测得应变 ε 值时，则能求得正应力 σ 的值。

电测法是一种应用广泛的实验应力测试方法。它的基本原理是将机械量（位移或者变形）的变化转换成电量（电阻、电感或电容等）的变化，然后把测得的电量改变量转换为所欲测定的机械量。这种方法常称非电量的电测法。在各种分析构件应力的实验方法中，由于电测法具有测试精度高、传感元件小、适应性强（可作场测、遥测、动测）等许多优点，因此，在现场实测和实验室研究中得到广泛的应用。

（1）电阻应变片

应用电测法（电阻应变法）测量构件受力后产生的应变，需要采用一种将应变转换为电阻变化的转换器——电阻应变片（简称电阻片）。为了将电阻片的极微小的电阻变化量测出来，还需要采用一种指示仪器——电阻应变仪。

常温下的电阻应变片有丝式和箔式两种。丝式电阻应变片构造如图 7.2（a）所示，是用直径为 0.02～0.05 mm 的康铜丝或镍铬合金丝绕成栅状（敏感栅），然后粘固于两层绝缘薄纸或塑料薄膜的中间制成，丝的两端用直径为 0.2 mm 的镀银铜线引出；箔式电阻应变片构造如图 7.2（b）所示，由康铜箔或镍铬箔利用光刻技术腐蚀成丝栅状，然后粘固于塑料基底上制成。

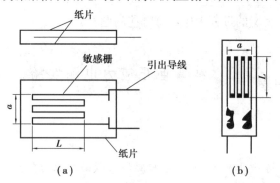

图 7.2　电阻应变片

电阻应变片的基本参数为标距 L、宽度 a、灵敏系数 K 及电阻值 R_0。

测量应变时，先用特种胶水将电阻片沿变形方向粘贴在构件测点上。构件受力变形时，电阻应变片的敏感栅随之产生变形，其阻值相应发生变化。敏感栅由金属细丝按栅状绕成，金属丝阻值 R 与其电阻率 ρ 和长度 L 成正比，与其横截面积 A 成反比，即

$$R = \rho \frac{L}{A} \tag{7.10}$$

由式（7.10）可得，当细丝受拉伸长时，电阻率和几何形状的变化对其阻值的影响为

$$\frac{\mathrm{d}R}{R} = \frac{\mathrm{d}\rho}{\rho} + \frac{\mathrm{d}L}{L} - \frac{\mathrm{d}A}{A} \tag{7.11}$$

单向受拉条件下，在线弹性变形范围内，细丝横截面积的变化由泊松效应引起，即

$$\frac{\mathrm{d}A}{A} = -2\nu \frac{\mathrm{d}L}{L} \tag{7.12}$$

式中　ν——泊松比，即材料在单向受拉或受压时，横向正应变与轴向正应变的绝对值的比值。

将式（7.12）代入式（7.11），则

$$\frac{\mathrm{d}R}{R} = \frac{\mathrm{d}\rho}{\rho} + (1 + 2\nu)\frac{\mathrm{d}L}{L} \tag{7.13}$$

据高压下金属丝性能研究，电阻率 ρ 的变化与其体积 V 的变化相关，即

$$\frac{\mathrm{d}\rho}{\rho} = m\frac{\mathrm{d}V}{V} \tag{7.14}$$

式中　V——金属丝的初始体积；

m——比例系数。在一定应变范围内，对特定材料和加工方法，m 是常数。

由式(7.12)和 $V = AL$ 易得

$$\frac{\mathrm{d}V}{V} = (1 - 2\nu)\frac{\mathrm{d}L}{L} \tag{7.15}$$

结合式(7.13)、式(7.14)和式(7.15)，考虑 $\mathrm{d}L/L$ 即为细丝轴向线应变 ε，可得

$$\frac{\mathrm{d}R}{R} = [1 + 2\nu + m(1 - 2\nu)]\varepsilon = K_0\varepsilon \tag{7.16}$$

式中

$$K_0 = 1 + 2\nu + m(1 - 2\nu)$$

显然，在线弹性变形条件下，当电阻应变片敏感栅金属丝处于一定应变范围内时，K_0 为常数，即金属丝阻值的相对变化与线应变成正比，比例系数 K_0 称为金属丝的灵敏系数。对于康铜丝，$m \approx 1$，$K_0 = 2.0$。式(7.16)显示了金属丝的应变-电阻效应，电阻应变片即是根据该效应制成。

电阻应变片的灵敏系数 K 与其敏感栅金属丝的灵敏系数 K_0 有关，但有所差别，因为必须考虑敏感栅横向效应的影响，也要考虑黏结剂、基底材质与尺寸，以及制造工艺的影响，故一般情况下，$K < K_0$。当基底尺寸远大于敏感栅尺寸时，电阻应变片的灵敏系数 K 与丝(箔)材灵敏系数 K_0 之间的关系可表示为

$$K = \frac{K_0}{1 + \dfrac{4h}{ab} \cdot \dfrac{A}{L}(1 + \nu_b)\dfrac{E_s}{E_b}} \tag{7.17}$$

式中　h——基底和黏结剂层总厚度；

b——基底和黏结剂传递应变到敏感栅过渡区的有效宽度；

a——过渡区长度；

A——敏感栅的丝栅截面积；

L——敏感栅栅长；

ν_b——基底和黏结剂层的泊松比；

E_b——基底和黏结剂层的弹性模量；

E_s——敏感栅材料的弹性模量。

过渡区长度 a 和宽度 b 可由实验得到，它们随敏感栅弹性模量和厚度以及黏结剂厚度增加而增大，随基底和黏结剂层弹性模量及泊松比增加而减小。

可知，如果以 Δl 表示电阻应变片敏感栅金属丝的长度变化量，以 ΔR 表示应变片阻值变化量，两个变量之间的关系可表示为

$$\frac{\Delta R}{R} = K\frac{\Delta l}{l} = K\varepsilon \tag{7.18}$$

式中　R——电阻应变片初始电阻值；

ΔR——变形后电阻应变片阻值变化量；

K——电阻应变片灵敏系数,灵敏度系数越大,表示应变片对变形的敏感性越高,其值由实验测定,一般为 $1.9 \sim 2.6$;

l——电阻丝的初始长度;

Δl——电阻丝长度的变化量;

ε——构件被测点的线应变。

因 $\Delta l/l$ 就是构件在测点处的线应变,故通过电阻片,即可将机械量线应变转换为电量电阻阻值的变化。若测得了电阻的改变率 $\Delta R/R$,就可按式(7.18)求得线应变 ε 的值。

由于构件的变形是通过电阻应变片的电阻变化率来测量的,因此,电阻应变片的粘贴应足够牢固,确保它随同构件一起变形,并要求应变片与构件之间的良好绝缘。在工程实际中,由于构件受作用后产生的弹性应变很小,故粘贴于其上的电阻应变片的电阻变化率也很小,这种极微弱的电信号应用一般电表是不可能测量出来的。因此,需要采用专门的仪器——电阻应变仪(简称"应变仪")来测量。

(2)**静态电阻应变仪**

静态电阻应变仪用于测量电阻应变片随同构件静变形引起的电阻变化量。其核心电路为如图 7.3 所示的惠斯登电桥。

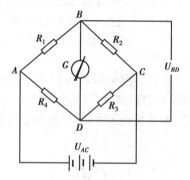

图 7.3　惠斯登电桥

设电桥 4 个桥臂 AB, BC, CD, DA 的电阻分别为 R_1, R_2, R_3, R_4,当在对角节点 A, C 上接上电压为 U_{AC} 的直流电源时,另一对角节点 B, D 的输出端电压 U_{BD} 应为

$$U_{BD} = U_{AB} - U_{AD} = I_1 R_1 - I_4 R_4$$

$$I_1 = \frac{U_{AC}}{(R_1 + R_2) I_4} = \frac{U_{AC}}{R_3 + R_4}$$

$$U_{BD} = \frac{U_{AC}(R_1 R_3 - R_2 R_4)}{[(R_1 + R_2)(R_3 + R_4)]} \tag{7.19}$$

当电桥平衡时,$U_{BD} = 0$。于是,由式(7.19)得电桥平衡的条件为

$$R_1 R_3 = R_2 R_4 \tag{7.20}$$

设电桥的 4 个桥臂均为粘贴在构件上的电阻应变片,且其初始电阻值相等,即 $R_1 = R_2 = R_3 = R_4 = R_0$,则在构件受力前,电桥保持平衡(即 $U_{BD} = 0$)。构件受力后,设各电阻应变片产生的电阻改变量为 ΔR_i,则由式(7.19)可得电桥输出端电压为

$$U_{BD} = U_{AC} \frac{(R_1 + \Delta R_1)(R_3 + \Delta R_3) - (R_2 + \Delta R_2)(R_4 + \Delta R_4)}{(R_1 + \Delta R_1 + R_2 + \Delta R_2)(R_3 + \Delta R_3 + R_4 + \Delta R_4)} \tag{7.21}$$

化简式(7.21)并略去 ΔR_i 的高次项,并考虑 ΔR_i 相对 R_0 来说很小,故在分母中略去 ΔR_i,于是得到

$$U_{BD} = \frac{U_{AC}(\Delta R_1 - \Delta R_2 + \Delta R_3 - \Delta R_4)}{4R_0} \tag{7.22}$$

由式(7.18)和式(7.22)可得

$$U_{BD} = \frac{U_{AC} \cdot K(\varepsilon_1 - \varepsilon_2 + \varepsilon_3 - \varepsilon_4)}{4} \tag{7.23}$$

式(7.23)说明了惠斯登电桥输出电压 U_{BD} 与 4 个电阻应变片的应变值($\varepsilon_1, \varepsilon_2, \varepsilon_3, \varepsilon_4$)之间的定量关系,可根据构件变形特点和实际需要灵活采用"四分之一桥""半桥""全桥"等接线方式开展测量。

(3) 温度补偿

在测量过程中,若工作环境的温度发生变化,应变片与被测构件会发生热胀冷缩现象,而且因材质差异,两者线膨胀系数不同,故使应变片产生附加热应变。此时,电阻应变片的应变值将包含由温度变化而产生的热应变,不能正确地反映构件的真实应变。

为了消除因温度变化而引起的测量误差,在测量中,可将相邻两桥臂的电阻应变片贴在相同材料上,并使其处于同一温度中。例如,按如图 7.4 所示的接线方式,R_1 为粘贴在被测构件上的电阻应变片,称为工作片;R_2 为粘贴在不受力构件(与构件的材料相同且与构件处于同一温度中)上的电阻应变片,称为温度补偿片。工作片 R_1 的总应变为

$$\varepsilon_1 = \varepsilon_{1p} + \varepsilon_{1t} \tag{7.24}$$

式中　ε_{1p}——受载产生的线应变,即被测构件测点处线应变;

　　　ε_{1t}——温度变化产生的热应变。

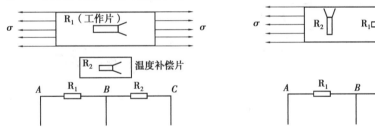

图 7.4　单独使用温度补偿片补偿　　　　图 7.5　无温度补偿片自动补偿

温度补偿片 R_2 没有受到外力的作用,因而只有因温度变化而引起的热应变 ε_{2t},即 $\varepsilon_2 = \varepsilon_{2t}$。因 R_1 与 R_2 处于同一温度中,且粘贴在相同材质构件上,故 $\varepsilon_{2t} = \varepsilon_{1t}$。

现按半桥接线法接线,则有 $\varepsilon_3 = \varepsilon_4 = 0$,所以静态电阻应变仪测得电阻应变片实际线应变 ε_{ds} 为

$$\varepsilon_{ds} = \varepsilon_1 - \varepsilon_2 + \varepsilon_3 - \varepsilon_4 = \varepsilon_1 - \varepsilon_2 = \varepsilon_{1p} + \varepsilon_{1t} - \varepsilon_{2t} = \varepsilon_{1p} \tag{7.25}$$

这就表示在静态电阻应变仪示值 ε_{ds} 中已消除了温度变化所引起的影响。

图 7.5 展示了另一种温度补偿方法。在轴向变形中,若把电阻应变片 R_1 与 R_2 都粘贴在受力构件上,且相互垂直,则 R_1 与 R_2 的应变值分别为

$$\varepsilon_1 = \varepsilon_{1p} + \varepsilon_{1t} \qquad \varepsilon_2 = \varepsilon_{2p} + \varepsilon_{2t} \tag{7.26}$$

式中　ε_1——构件的轴向应变;

　　　ε_2——横向应变。

又因 $\varepsilon_{1t} = \varepsilon_{2t}, \varepsilon_{2p} = -\nu\varepsilon_{1p}$($\nu$ 为泊松比),故可得静态电阻应变仪示值 ε_{ds} 为

$$\varepsilon_{ds} = \varepsilon_1 - \varepsilon_2 = \varepsilon_{1p} + \nu\varepsilon_{1p} = \varepsilon_{1p}(1 + \nu) \tag{7.27}$$

因此,被测构件测点处线应变为

$$\varepsilon_{1p} = \frac{\varepsilon_{ds}}{1+\nu} \tag{7.28}$$

此方法虽然没有单独设置温度补偿片，但温度变化的影响已得到自动补偿而消除。一般来说，自动补偿能更好地保证 R_1 与 R_2 在相同的温度条件下工作，且静态电阻应变仪示值 ε_{ds} 是所测应变的 $(1+\nu)$ 倍，故也提高了测量的灵敏度。

7.2.4 实验步骤

①按图7.6布置矩形截面梁的加载方式。

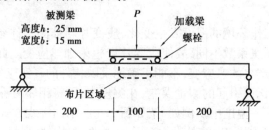

被测梁
高度h：25 mm
宽度b：15 mm

P

加载梁
螺栓

布片区域

200 ┤├ 100 ┤├ 200

图7.6 矩形截面梁纯弯曲变形加载简图

②布片区域应变片编号与贴片位置如图7.7所示。按"四分之一"桥接线法将5块应变片接入BZ6104多功能信号采集分析仪静态电阻应变仪部分。

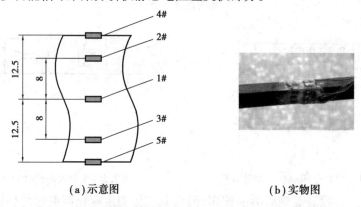

12.5

8

12.5

8

4#
2#
1#
3#
5#

(a)示意图　　　　　　　　　(b)实物图

图7.7 应变片编号与布片位置

③打开BZ6104多功能信号采集分析仪电源，按"设置/退出"按钮设置仪器参数："四分之一桥测量的结束点"(S_1)设为"05"；"四分之一桥灵敏系数"(S_3)设为"2.20"；"四分之一桥是否设置公共温度补偿点"(S_6)设为"1"；"是否保存更改设置"(S_9)设为"1"。

④按"平衡"按钮，对各通道进行初始调零。

⑤按等增量法加载，每次增加一个10 kg的砝码，按"手动"按钮读取各通道应变值，直至40 kg为止。

⑥卸载，实验结束。

7.2.5 实验结果的处理

①计算实验的正应力值。

由记录值可计算得到测点 $i(i=1\sim5)$ 处，载荷每增加 $\Delta P(100\ \mathrm{N})$ 后，该测点处线应变的增量依次为 $\Delta\varepsilon_i^1, \Delta\varepsilon_i^2, \Delta\varepsilon_i^3, \Delta\varepsilon_i^4$，进而求得测点 i 处平均线应变增量为

$$\overline{\Delta\varepsilon_1} = \frac{\Delta\varepsilon_i^1 + \Delta\varepsilon_i^2 + \Delta\varepsilon_i^3 + \Delta\varepsilon_i^4}{4} \tag{7.29}$$

由胡克定律,可计算出各测点的正应力增量为

$$\Delta\sigma_i = E \cdot \overline{\Delta\varepsilon_1} \tag{7.30}$$

②计算理论的正应力数值

$$\Delta\sigma = \frac{\left[\left(\dfrac{\Delta P}{2}\right) \cdot a \cdot y\right]}{I_z} \tag{7.31}$$

式中　a——矩形截面梁的跨距;

y——测点到中性层的距离。

③将应力的实验值和理论值进行比较,分析两者产生误差的原因。

7.2.6　注意事项

①实验前,必须检查导线接头接触是否良好,保证接触电阻值稳定。

②确保砝码盘拉杆和底盘的螺栓联接可靠。

③在加载的过程中,一定要将砝码盘的拉杆插入砝码中间,避免砝码掉下,造成事故。

④加载一定要缓慢,避免冲击与晃动,以免影响实验数据。

⑤在实验过程中,不要振动仪器、桌子及导线,以免读数不准。

⑥要结合理论知识与实验数据的特点判定静态电阻应变仪各通道测定数据与应变片编号之间的对应关系。

7.2.7　思考题

①电阻应变片的基本工作原理是什么?

②影响实验误差的主要因素是什么?

③弯曲正应力的大小是否会受材料弹性模量 E 的影响? 为什么?

7.3　复杂应力电测实验

【知识目标】

1.用电测法测定平面应力状态下主应力的大小和方向,并与理论结果进行比较。

2.用电测法测定指定横截面上弯矩和扭矩,并与理论结果进行比较。

【能力目标】

1.掌握电阻应变花的使用。

2.能自行设计实验方案测量构件表面主应力的大小、方向以及指定测点处横截面承受的弯矩和扭矩。

3.掌握打磨、清洗、粘贴应变花、电烙铁焊接等实用技巧。

4.能提炼出实验设计的一般方法与步骤。

7.3.1 实验设备

①多用应力实验台。

②BZ6104 多功能信号采集分析仪。

③数字万用表。

④电阻应变花、接线端子、导线。

⑤直尺、划针、吹风机。

⑥502 胶水、丙酮、纱布、脱脂棉、石蜡等。

⑦电烙铁、松香、焊锡等。

7.3.2 实验内容

①测量空心薄壁圆筒在弯扭组合作用下,主应力的大小与方向。

②测定横截面上弯矩和扭矩。

7.3.3 实验步骤

在多用应力实验台上,按照如图 7.8 所示的空心薄壁圆筒加载方式,结合理论力学与材料力学相关知识与实验目的自行设计实验方案完成实验。

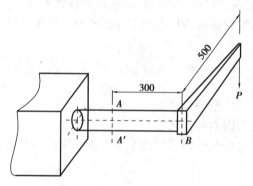

图 7.8 空心薄壁圆筒加载示意图

7.3.4 注意事项

①注意平面应力状态与平面应变状态的联系与区别。

②注意横力弯曲条件下横截面上由剪力引起的剪应力分布规律。

③电测表面上某一点的应力状态,实际上只需要测该点 3 个不同方向上的线应变,再利用广义胡克定律即可。若已知主方向,则只需测两个方向的线应变。

7.3.5 要求

①认真复习平面应力与平面应变状态理论知识。

②设计方案中的布片方式不少于两种,要求有两种形式的推导过程与结果。

③在实验之前,完成复杂应力实验方案设计。

④完成预习报告。

复杂应力电测实验预习报告

（注：同学们在上课前需完成预习报告，并交老师检查后方可进行实验）

（1）实验目的

（2）画出应变花的几种常见分布形式

（3）应变花分布设计理论推导

1）根据主应力公式

$$\sigma_1 = \underline{\hspace{4cm}}; \sigma_3 = \underline{\hspace{4cm}}.$$

为得到 σ_1 及 σ_3，必须先求出 σ_x, σ_y 及 τ_{xy}。

2）根据平面应力状态下广义胡克定律公式（推导一般公式）

$$\sigma_x = \underline{\hspace{4cm}}; \sigma_y = \underline{\hspace{4cm}}.$$

$$\tau_{xy} = G\gamma_{xy}$$

为得到 σ_x, σ_y 及 τ_{xy}，必须先求出 $\varepsilon_x, \varepsilon_y$ 及 γ_{xy}。

3）根据任意角度应变公式

$$\varepsilon_\alpha = \varepsilon_x \cos^2\alpha + \varepsilon_y \sin^2\alpha - \gamma_{xy}\sin\alpha\cos\alpha$$

为得到 $\varepsilon_x, \varepsilon_{xy}$ 及 γ_{xy}，必须建立 3 个方向 $\alpha_1, \alpha_2, \alpha_3$ 的应变公式联立求解，$\varepsilon_{\alpha1}, \varepsilon_{\alpha2}$ 及 $\varepsilon_{\alpha3}$ 由电测法直接测出，可看成已知值（问题得到解决）。

（4）画出自己设计的应变花分布图，并写出 σ_1 及 σ_3 的表达式（要求：有推导步骤）

1）应变花分布图

2）计算结果

$$\sigma_1 = f(\varepsilon_{\alpha1}, \varepsilon_{\alpha2}, \varepsilon_{\alpha3}) = \underline{\hspace{4cm}}$$

$$\sigma_3 = f(\varepsilon_{\alpha1}, \varepsilon_{\alpha2}, \varepsilon_{\alpha3}) = \underline{\hspace{4cm}}$$

3）推导步骤

4）绘制实验方案流程图

第 **8** 章

机械动态测试基础

8.1 回转构件的动平衡测试

【知识目标】

1. 了解回转构件的动平衡原理。
2. 了解回转构件的动平衡计算方法。

【技能目标】

能使用动平衡机对回转构件进行动平衡。

8.1.1 实验设备

①Y1BK 型硬支承动平衡机。
②刚性转子、普通天平、游标卡尺、橡皮泥。

8.1.2 实验内容

①测量并输入转子参数,在动平衡机上测出需要配重质量的大小和相位。
②对刚性转子进行反复配重,直到动平衡机显示的配重质量达到规定的质量范围。

8.1.3 实验原理

(1)动平衡的原理

对轴向尺寸较大的转子(转子轴向宽度 b 与其直径 D 之比 $b/D > 0.2$),如内燃机曲轴、电机转子和机床主轴等,其偏心质量往往是分布在若干个不同的回转平面内,如图 8.1 所示。即使转子的质心在回转轴线上,由于各偏心质量所产生的离心惯性力不在同一回转平面内,因此会形成惯性力偶。该惯性力偶的方向随转子的回转而变化,故引起机器设备的振动。对转子进行动平衡,就是要求其各偏心质量产生的惯性力和惯性力偶矩同时得到平衡。

转子动平衡的条件是各偏心质量(包括平衡质量)产生的惯性力的矢量和 $\sum F = 0$ 以及这些惯性力所构成的力矩矢量和 $\sum M$。

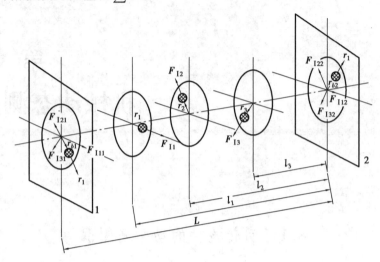

图8.1　惯性力的分解

为使转子获得动平衡,必须选定两个回转平面作为平衡基面1和2,将各离心惯性力分解到选定的平衡基面内。由理论力学可知,力 F_i 可分解为与其平行的两个分力 F_{i1} 和 F_{i2},如图8.1所示。其大小分别为

$$F_{i1} = \frac{F_i l_i}{L} \tag{8.1}$$

$$F_{i2} = \frac{F_i(L - l_i)}{L} \tag{8.2}$$

只要在平衡基面1和2内适当地各加一平衡质量 m_{b1} 和 m_{b2},使两平衡基面内的惯性力之和分别为零,那么转子就可达到动平衡。

(2)转子的许用不平衡量

经过动平衡的转子,不可避免地残存一些不平衡质量,要追求过高的平衡精度,需要付出很大的代价。因此,通常根据转子的工作要求,对转子规定适当的许用不平衡量。转子的许用不平衡量有两种表示方法,即用质径积表示和偏心距表示。对给定的转子,用质径积表示较好,也便于操作。国际标准化组织制订了转子的许用不平衡量,见表8.1。

表8.1　各种典型转子的平衡等级和许用不平衡量

平衡等级 G	平衡精度 $A = [e]\omega/1\,000$	典型转子举例
G4000	4 000	刚性安装的具有奇数气缸的低速船用柴油机曲轴传动装置
G1600	1 600	刚性安装的大型二冲程发动机曲轴传动装置
G630	630	刚性安装的大型四冲程发动机曲轴传动装置
G250	250	刚性安装的高速四缸柴油机曲轴传动装置

续表

平衡等级 G	平衡精度 $A = [e]\omega/1\,000$	典型转子举例
G100	100	六缸及其以上的高速柴油机曲轴传动装置;汽车、机车发动机整体
G40	40	汽车车轮、轮缘、轮组、传动轴 弹性安装的六缸以上高速发动机曲轴转动装置 汽车、机车发动机曲轴传动装置
G16	16	特殊要求的传动轴;汽车、机车发动机部件 特殊要求的六缸及其以上的发动机曲轴传动装置
G6.3	6.3	作业机械的零件;船用主汽轮机齿轮;离心机鼓轮 风扇;装配好的航空燃气汽轮机;泵转子 机床一般机械零件;普通电机转子
G2.5	2.5	燃气轮机和汽轮机;刚性汽轮发电机转子 透平压缩机;机床传动装置;特殊要求的电机转子
G1	1	磁带录音机的传动装置;磨床传动装置
G0.4	0.4	精密磨床主轴、砂轮盘及电机转子;陀螺仪

(3)动平衡机的工作原理

1)硬支承动平衡机结构

动平衡机的结构简图如图 8.2(a)所示,实物图如图 8.2(b)所示。测量时,转子放置在弹性支承上,由电动机通过带传动装置带动转子转动,转子上的偏心质量使弹性支承发生振动,传感器将振动转变为两路电信号,两路电信号同时传递到解算电路,它对这两路信号进行处理以消除两平衡基面之间的相互影响。用选择开关选择图 8.1 中的平衡基面,再经选频放大器将信号放大,由显示仪表显示出该平衡基面上的不平衡质径积的大小。放大后的信号又经过整形放大器转变为脉冲信号并被送往鉴相器。鉴相器也同时接收来自光电头和整形放大器的基准信号,基准信号与转子上的反光标记相对应。鉴相器输出的相位差由显示仪表显示,以反光标记为基准就可以确定偏心质量的相位。

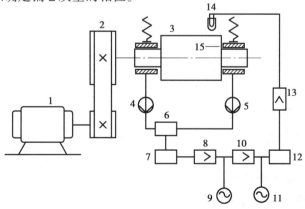

(a)动平衡机结构简图

（b）Y1BK型动平衡机实物图

图8.2　动平衡机结构简图

1—电动机；2—带传动装置；3—被测转子；4—压电式传感器；5—压电式传感器；6—解算电路；
7—选择开关；8—选频放大器；9—显示仪表；10—整形放大器；11—显示仪表；12—鉴相器；
13—整形放大器；14—光电头；15—反光标记；16—万向关节

2）转子的形状与支承方式的选择

传感器安装在固定的支承平面内，而不同形状的转子有不同的校正平面。因此，有必要利用静力学原理把支承平面处测量到的不平衡力换算到所选择的两个校正平面上去。转子的形状和支承方式如图8.3所示。

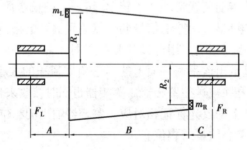

图8.3　转子的形状和支承方式

按静力学原理可得

$$F_L + F_R - F_{IR} - F_{IL} = 0 \tag{8.3}$$

$$F_L A + F_{IR} B - F_R (B + C) = 0 \tag{8.4}$$

式中　F_L，F_R——左右支承处的支承反力；

　　　F_{IL}，F_{IR}——离心惯性力，$F_{IL} = m_L \omega^2 R_1$，$F_{IR} = m_R \omega^2 R_2$；

　　　A——左支承到左平衡基面的距离；

　　　B——左右两平衡基面的距离；

　　　C——右支承到右平衡基面的距离；

　　　m_R，m_L——左右两个校正平面上的不平衡质量。

由式(8.3)、式(8.4)可得

$$m_R = \frac{1}{R_2\omega^2}\left[\left(1+\frac{C}{B}\right)F_R - \frac{AF_L}{B}\right] \tag{8.5}$$

$$m_L = \frac{1}{R_1\omega^2}\left[\left(1+\frac{A}{B}\right)F_L - \frac{CF_R}{B}\right] \tag{8.6}$$

当转子的几何参数 A,B,C,R_1,R_2 和平衡角速度 ω 被确定后,校正平面上应加的平衡质量就可直接测量出来。根据不同形状的转子,按校正平面与支承平面之间的相对位置,有 6 种支承方式可选择,见表8.2。

表 8.2　不同形状的转子的支承方式

编号	转子支承方式	不平衡质量计算
1		$m_R = \dfrac{\left(1+\frac{C}{B}\right)F_R - \frac{AF_L}{B}}{R_2\omega^2}$ $m_L = \dfrac{\left(1+\frac{A}{B}\right)F_L - \frac{CF_R}{B}}{R_1\omega^2}$
2		$m_L = \dfrac{\left(1+\frac{A}{B}\right)F_L + \frac{CF_R}{B}}{R_1\omega^2}$
3		$m_R = \dfrac{\left(1-\frac{C}{B}\right)F_R - \frac{AF_L}{B}}{R_2\omega^2}$
4		$m_L = \dfrac{\left(1-\frac{A}{B}\right)F_L - \frac{CF_R}{B}}{R_1\omega^2}$
5		$m_R = \dfrac{\left(1+\frac{C}{B}\right)F_R + \frac{AF_L}{B}}{R_2\omega^2}$
6		$m_L = \dfrac{\left(1-\frac{A}{B}\right)F_L + \frac{CF_R}{B}}{R_1\omega^2}$ $m_R = \dfrac{\left(1-\frac{C}{B}\right)F_R + \frac{AF_L}{B}}{R_2\omega^2}$

（4）Y1BK **动平衡机的技术性能参数**

Y1BK 动平衡机的技术性能参数见表 8.3。

表 8.3　Y1BK 动平衡机的技术性能参数

工件最大质量	10 kg
工件最大直径	360 mm
工件轴颈范围	5 ~ 22 mm
两支承架中心最大间距	450 mm
两支承架中心最小间距	36 mm
平衡转速	180 ~ 2 280 r/min
最大指示灵敏度	0.15 g · mm
最小剩余不平衡度	0.1 g · mm/kg
不平衡量减少率	95%

8.1.4　实验步骤

①根据转子形状特点,调整两支承架之间的相对位置,调节左右两滚轮架的高度,使转子水平放置。

②选择转子的支承方式,测量尺寸 A,B,C 的大小,并确定校正半径 R_1 和 R_2。

③调节好传动皮带的松紧,并在转子轴颈和支承滚轮上添加少许润滑油。

④根据转子形状,在转子恰当的位置作上白色或黑色的反光标记,调节光电头与转子之间的距离为 30 ~ 50 mm,并使光束垂直转子轴线且对准反光标记。

⑤根据转子质量、外径和初始不平衡量来选择转子平衡转速。

⑥打开动平衡机的电源开关,在机器自检通过后,使机器预热 5 min。

⑦清零后在电测箱面板上选择转子支承方式,并输入 A,B,C,R_1 和 R_2 的数值和平衡转速的大小。

⑧按下电机的电源开关,缓慢顺时针旋动电机调速旋钮,使转子转速达到输入的平衡转速。

⑨记录下电测箱显示面板上显示的配重质量的大小和相位,并逆时针转动调速旋钮使转子停止转动。

⑩用天平称出对应质量的橡皮泥,并加在两校正平面相应的位置上。

⑪再次转动调速旋钮使转子转速达到平衡转速,观察显示的配重质量是否在允许范围内,如果不是,则反复校正几次,直到显示的配重质量进入允许范围以内。

⑫关掉电机电源,关掉动平衡机电源,取下并清理转子,实验结束。

8.1.5　注意事项

①防止转子的轴向窜动而碰撞和损坏光电头。

②光电头周围的环境光不能太强,以免干扰光电头正常工作。如受影响,可调节光电头的

位置,使之靠近转子以加强反射和避免面向强光。

③实验过程中,转子的放置要轻拿轻放,严禁轴向移动转子。

④实验过程中,注意人身安全,在打开电机电源之前切记合上安全保护装置。

⑤一定要使橡皮泥与转子贴牢,以免转子转动过程中橡皮泥被甩掉。

8.1.6　思考题

①转子在什么情况下做静平衡? 又在什么情况下做动平衡?

②作往复运动或平面运动的构件,能否用动平衡机将其不平衡惯性力平衡? 为什么?

8.2　机构运动参数测试与机构动平衡

【知识目标】

1. 了解平面机构的动平衡原理与方法。

2. 了解常用机械量(线位移、角位移、转速及加速度)的测试理论与方法。

3. 了解传感器的工作原理。

【技能目标】

1. 能根据给定机构参数,计算平衡块的质量和相位。

2. 能正确使用实验设备测试机构的运动参数。

8.2.1　实验设备

①平面曲柄摇杆机构实验台。

②信号采集箱、计算机、信号采集及分析系统软件。

③平衡铁块、扳手。

8.2.2　实验内容

①测试曲柄摇杆机构摇杆的角位移。

②测试曲柄摇杆机构曲柄的角速度。

③测试平衡前和平衡后机座的振动加速度。

8.2.3　实验原理

(1)平面机构的平衡原理

当机构运动时,各运动构件所产生的惯性力可合成为一个通过机构质心的总惯性力和总惯性力矩,此总惯性力和力矩全部由基座承受。当机构运动时,随时变化的总惯性力和力矩使基座发生振动,欲消除基座的振动就必须设法平衡此总惯性力和力矩

$$\sum \boldsymbol{F}_{\mathrm{I}} = 0, \qquad \sum \boldsymbol{M}_{\mathrm{I}} = 0 \tag{8.7}$$

要使机构的总惯性力 $F_1 = -ma_s$ 为零,则必须使机构的加速度 a_s 为零,即使机构的质心静止不动。

使机构质心静止不动的方法通常有两种:利用对称机构平衡和利用平衡质量平衡。本实验采用平衡质量来平衡机构。其平衡原理如图8.4所示。

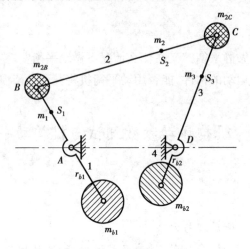

图 8.4　机构的配重平衡

为了进行平衡,现将构件2的质量 m_2 用分别集中于 B,C 两点的两个集中质量 m_{2B} 和 m_{2C} 所代替

$$\left. \begin{array}{l} m_{2B} = \dfrac{m_2 l_{Cs2}}{l_{BC}} \\[3mm] m_{2C} = \dfrac{m_2 l_{Bs2}}{l_{BC}} \end{array} \right\} \tag{8.8}$$

然后在构件1的延长线上加一平衡质量 m_{b1} 来平衡构件1的质量 m_1 和 m_{2B},使构件1的质心移动到固定铰链 A 处,平衡质量 m_{b1} 的计算公式为

$$m_{b1} = \frac{m_{2B} l_{AB} + m_1 l_{As1}}{r_{b1}} \tag{8.9}$$

同理,在构件3的延长线上加一平衡质量 m_{b2},使构件3的质心移动到固定铰链 D 处,平衡质量 m_{b2} 的计算公式为

$$m_{b2} = \frac{m_{2C} l_{DC} + m_3 l_{Ds3}}{r_{b2}} \tag{8.10}$$

加上质量应 m_{b1} 和 m_{b2} 后,机构的总质心应位于机架4上某一固定点,此时 $a_s = 0$,则机构得到平衡。

(2)实验台的组成和工作原理

1)平面曲柄摇杆机构

如图8.5所示,曲柄摇杆机构的原动件为曲柄,从动件为摇杆。构件3,4,5上有若干转动副联接圆孔,其作用是使活动构件之间通过不同孔的联接,得到几组不同的机构运动学尺寸,还可使构件的质心位置相对运动副连线随之发生改变。

该机构中的两个平衡盘分别与曲柄、摇杆同步旋转。其功用是安装平衡铁块,即用螺栓将所需的平衡铁块固定在平衡盘的圆弧槽中,使机构惯性力得到不同程度的平衡。实验台机座放置在橡胶垫上,可近似认为它是具有两个振动自由度的弹性机座,故它的力学本质是一个两自由度的振动系统。

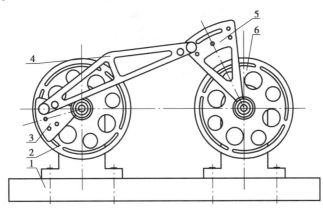

图 8.5　曲柄摇杆实验台简图

1—机座;2,6—平衡盘;3—曲柄;4—连杆;5—摇杆

2)传感器工作原理

①光电编码器

光电编码器的结构如图 8.6 所示。它主要由发光二极管、光栅和光电管组成。在光栅上有规则地刻有透光的线条,两侧安放发光二极管和光电管。当光栅旋转时,光电管接收的光通量随透光线条同步变化,光电管输出波形经过整形后变为脉冲输出。光栅上有与之转幅相应的标志,其每转一圈输出一个脉冲 Z,用于校正光栅每转产生脉冲的数目。此外,为判断旋转方向,编码盘还可提供相位相差90°的两路脉冲信号,如图 8.7(b)所示。

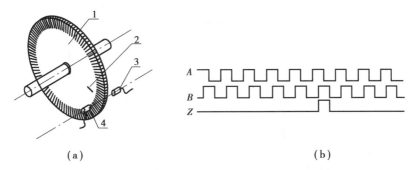

(a)　　　　　　　　　　　　　(b)

图 8.6　光电编码器结构简图

1—光栅;2—转幅标志;3—发光二极管;4—光电管

②压电加速度传感器

压电加速度传感器主要利用晶体的压电效应来工作。如图 8.7 所示为压电加速度传感器结构简图。它主要由螺母、预压弹簧、质量块、压电元件、螺栓、磁性底座及外壳组成。整个部件装在外壳内,并用螺栓加以固定,基座通常用磁铁做成,直接吸附在被测物上。当加速度传感器和被测物一起受到冲击振动时,压电元件受质量块惯性力的作用,产生与加速度大小成正比的电荷,通过电荷放大与电路转换,就可测量出被测物的振动加速度大小。

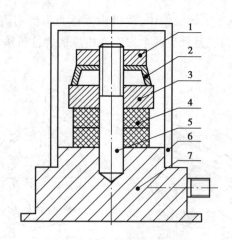

图 8.7　压电加速度传感器简图

1—螺母;2—预压弹簧;3—质量块;4—压电元件;5—螺栓;6—外壳;7—磁性底座

8.2.4　实验步骤

(1)测量摇杆的角位移

①根据图 8.8 进行测量系统的连接,注意角位移传送器的 7 针插头与角位移变送器插座连接的方向性。

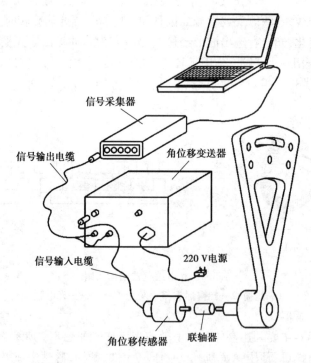

图 8.8　测量摇杆角位移信号硬件联接示意图

②检查机构各运动副的联接是否可靠,信号线连接是否正确,并盖上安全罩。

③启动电机,开启角位移传送器电源,进入 uTek 分析系统。先选择"机械故障诊断教学与试验"选项,再选择"曲柄摇杆机构摇杆角位移测量"的实验项目,进行相应操作。建议采样

频率设为 1 280 Hz。

④测试完成后关闭角位移传送器电源,关闭电机电源。

⑤根据得到的摇杆角位移数据及曲线,分析摇杆运动情况。

(2)测量曲柄转速

①根据图 8.9 进行测量系统的连接。

②启动电机,打开信号采集箱电源,进入 uTek 分析系统。先选择"机械故障诊断教学与试验"选项,再选择"曲柄机构转速测量"实验项目,进行相应的操作。建议采样频率设为12 800 Hz。

③测试完成后关闭角位移传送器电源,关闭电机电源。

④根据得到的曲柄转速数据及曲线,分析曲柄时域和频域下测量出的转速。

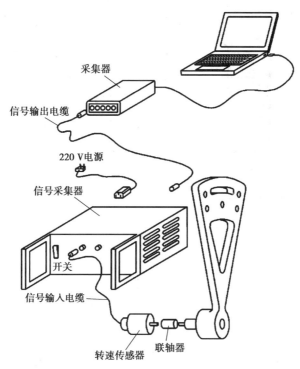

图 8.9　测量曲柄转速信号硬件连接示意图

(3)测量机构未平衡时机座的振动加速度

①根据图 8.10 进行测量系统的连接。

②启动电机,打开电荷放大器电源,进入 uTek 分析系统。先选择"机械故障诊断教学与试验"选项,再选择"机构动平衡试验"实验项目,进行相应的操作。建议采样频率设为 256 Hz或 128 Hz。

③测试完成后,关闭电荷放大器电源,关闭电机电源。

④根据如图 8.11、图 8.12 所示的构件质量、质心位置、运动学尺寸以及平衡质量安装方向,对机构进行惯性力平衡。

⑤重复步骤②、③,再次测量机座振动加速度。

⑥对比两次测得的振动加速度曲线和加速度大小,观察机构平衡的程度。

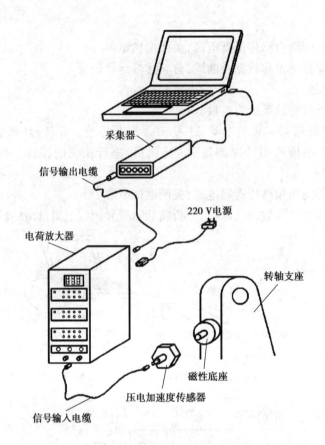

图 8.10　测量机架水平方向的振动加速度信号硬件连接示意图

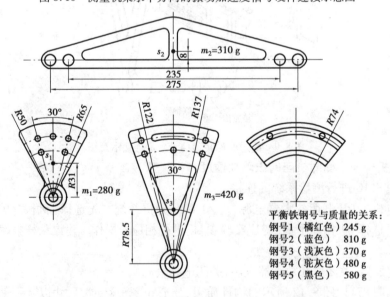

平衡铁钢号与质量的关系：
钢号1（橘红色）245 g
钢号2（蓝色）　810 g
钢号3（浅灰色）370 g
钢号4（驼灰色）480 g
钢号5（黑色）　580 g

图 8.11　曲柄摇杆机构构件质量、质心位置及运动学尺寸

图 8.12　平衡铁块的安装方向

⑦关闭电荷放大器电源,关闭电机电源,拆卸传感器信号线和平衡质量,实验结束。

8.2.5　注意事项

①传感器已安装在实验台上,未经指导教师许可,学生不得擅自拆卸。

②进行传感器信号线的连接与拆卸之前,务必切断外接电源后,方可进行操作。

③启动电机之前,必须检查机构各运动副的连接是否可靠,信号线连接是否正确,并盖上安全罩。

④为安全起见,接通仪器电源后尽快完成信号采集。信号采集完毕,请立即断开仪器和电机电源。

⑤在挪动压电加速度传感器时,切勿直接移动传感器,应移动磁性底座。

8.2.6　思考题

①机构平衡的目的是什么?

②常见的平面机构平衡有哪些?它们各有什么优缺点?

③采样频率的改变对摇杆的角位移曲线有无影响?为什么?

8.3　单自由度系统固有频率与阻尼比的测量

【知识目标】

1.了解单自由度系统固有频率 ω_0 和阻尼比 ξ 的概念、工程意义以及与结构参数之间的关系。

2.了解测试对象与单自由度"弹簧-质量-阻尼"模型的等效关系,明确力学模型结构参数 m,k,c 的物理意义。

3.掌握自由衰减法和强迫振动法测量固有频率 ω_0 和阻尼比 ξ 的数学原理。

4. 测定不同谐波激振频率下系统的响应,验证谐波激振条件下系统位移响应计算公式。

5. 验证采样定理。

【能力目标】

1. 掌握自由衰减法测试流程与根据自由衰减振动波形确定系统的固有频率 ω_0 和阻尼比 ξ 的方法。

2. 掌握强迫振动法测试流程与根据幅频特性曲线确定系统固有频率 ω_0 和阻尼比 ξ 的方法。

3. 掌握实验过程中数据处理与均化误差的方法。

4. 学会使用功率函数发生器、多功能信号采集分析仪和动态数据采集分析软件。

8.3.1　实验设备

①机械振动实验台。

②YB1620P 功率函数发生器。

③YE6230T3 多功能信号采集分析仪。

④数据采集与分析系统软件。

⑤JB-01 激振器。

⑥单向加速度传感器。

8.3.2　实验内容

①绘制自由衰减振动波形曲线。

②确定自由衰减振动系统的固有频率 ω_0 和阻尼比 ξ。

③绘制强迫振动幅频特性曲线。

④确定强迫振动系统的固有频率 ω_0 和阻尼比 ξ。

8.3.3　实验原理

(1)单自由度系统

单自由度系统是最基本的振动系统,是指在任意时刻只要一个广义坐标即可完全确定其位置的系统。虽然实际结构大多为多自由度系统,但单自由度系统的分析能揭示振动系统很多基本的特性,因此,常作为振动分析的基础。从单自由度系统的分析出发研究系统的响应,能避免繁杂的数学处理,更便于深刻理解振动系统的基本特性。对线性的多自由度系统常可看成许多单自由度系统特性的线性叠加。

(2)机械振动的三要素

振动量的幅值、频率和相位是振动的 3 个基本参数,称为振动三要素。

1)幅值

幅值是振动强度的标志,它可用峰值、有效值和平均值等指标来表示。

2)频率

不同的频率成分反映系统内不同的振源。通过频谱分析,可确定主要频率成分及其幅值大小,进而寻找振源,采取相应的措施。

3）相位

振动信号的相位信息十分重要,如利用相位关系确定共振点、测量振型、旋转件动平衡、有源振动控制、降噪等。对复杂振动的波形分析,各谐波的相位关系更是不可缺少的。

（3）系统固有频率的测定

固有频率是振动系统的一项重要参数。它取决于振动系统结构本身的质量、刚度及其分布,是结构本身固有特性之一。确定系统的固有频率 ω_0 的方法很多,通常采用的方法有自由衰减法和强迫振动法。

1）自由衰减法

自由衰减振动法是用敲击的方法给系统一个初始扰动,使系统产生自由衰减振动,记录振动衰减波形,通过该波形点的坐标数据即可求得系统固有频率 ω_0。

单自由度振动系统力学模型如图 8.13 所示。

用敲击法给系统（质量 m）一个初始扰动（一般为速度）,系统作自由衰减振动。运动控制微分方程为

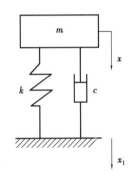

$$mx'' + cx' + kx = 0$$
$$x'' + 2nx' + \omega_0^2 x = 0$$
$$x'' + 2\omega_0 \xi x' + \omega_0^2 x = 0 \tag{8.11}$$

式中 ω_0——系统的固有频率,$\omega_0 = \sqrt{k/m}$;

n——衰减系数,$n = \omega_0 \xi = c/(2m)$;

ξ——阻尼比,$\xi = n/\omega_0 = c/2\sqrt{mk}$。

当 $\xi < 1$（欠阻尼）时,式（8.11）的解为

图 8.13 单自由度振动系统力学模型

$$x = Ae^{-nt} \sin(\omega_d t + \varphi) \tag{8.12}$$

式中 A——振动振幅;

φ——初相位;

ω_d——有阻尼衰减振动圆频率,$\omega_d = \sqrt{\omega_0^2 - n^2} = \omega_0 \sqrt{1 - \xi^2}$。

设初始条件:$t = 0$ 时,初始位移为 x_0,初始速度为 x_0',则振动振幅 A 和初相位 φ 为

$$A = \sqrt{x_0^2 + \left[\frac{x_0^2 + nx_0}{\omega_d}\right]^2} \tag{8.13}$$

$$\tan \varphi = \frac{x_0 \omega_d}{x_0' + nx_0} \tag{8.14}$$

由式（8.12）可得到自由衰减振动波形,如图 8.14 所示。

此波形有以下特点:

①有阻尼自由振动周期 T_d 大于无自由振动周期 T_0,即 $T_d > T_0$,则

$$T_d = \frac{2\pi}{\sqrt{\omega_0^2 - n^2}} = \frac{2\pi}{\omega_0 \sqrt{1 - \xi^2}} = \frac{T_0}{\sqrt{1 - \xi^2}} \tag{8.15}$$

固有频率为

$$\omega_0 = \frac{2\pi}{T_0} = \frac{2\pi}{T_d \sqrt{1 - \xi^2}}$$

$$\omega_d = \omega_0 \sqrt{1 - \xi^2} \tag{8.16}$$

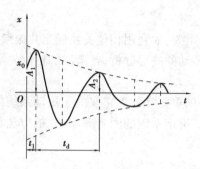

图 8.14　自由衰减振动波形

可知,由自由衰减法测出的系统固有频率略小于实际的固有频率。当阻尼很小时,两者很接近。

②振幅按几何级数衰减

减幅系数

$$\eta = \frac{A_1}{A_2} = e^{nT_d} \tag{8.17}$$

对数减幅

$$\delta = \ln \eta = \ln \frac{A_1}{A_2} = nT_d \tag{8.18}$$

2)强迫振动法

利用激振器对被测系统施加简谐激励力,使系统产生强迫振动,然后连续改变激振频率,进行连续的激振扫描。当激振力的频率与系统的固有频率接近时,系统会产生共振。因此,只要逐渐调节激振频率,同时测定系统的振动幅值,绘出振动幅值和频率的关系曲线(即幅频特性曲线),曲线上各峰值点所对应的频率,就是系统的各阶固有频率。

单自由度系统在简谐激励力的作用下,系统作简谐强迫振动。设激励力 F 的幅值为 F_0,固有频率为 ω_0,系统的运动微分方程为

$$mx'' + cx' + kx = F_0 \sin \omega t$$

$$x'' + 2nx' + \omega_0^2 x = \frac{F_0 \sin \omega t}{m}$$

$$x'' + 2\omega_0 \xi x' + \omega_0^2 x = \frac{F_0 \sin \omega t}{m} \tag{8.19}$$

式(8.19)的特解为

$$x = B \sin(\omega t - \varphi) \tag{8.20}$$

式中　B——强迫振动振幅;

　　　φ——初相位。

强迫振动振幅为

$$B = \frac{F_0}{\sqrt{(K - m\omega^2)^2 + (c\omega)^2}} = \frac{F_0}{k \cdot \sqrt{(1 - \lambda^2)^2 + (2\xi\lambda)^2}} \tag{8.21}$$

式中　λ——频率比,$\lambda = \omega/\omega_0$。

式(8.21)为系统的幅频特性,将式(8.21)所表示的位移振动幅值与激振频率的关系用图

形表示,称为幅频特性曲线,如图 8.15 所示。

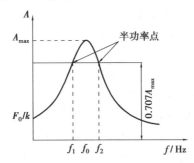

图 8.15　幅频特性曲线

振幅最大时的频率,称为共振频率 ω_n。有阻尼时的位移共振频率为

$$\omega_n = \omega_0 \sqrt{1 - 2\xi^2} \tag{8.22}$$

机械系统的阻尼比 ξ 往往比较小,故一般可认为 $\omega_0 = \omega_n$。

需要注意的是,固有频率是由系统本身的结构参数所决定的,而共振频率是指振动系统产生共振时,外来强迫信号的频率,而且由于测量的振动参数不同,存在着位移共振、速度共振和加速度共振 3 种情况。根据以共振频率激振时振动幅值最大的原理,可分别求得位移共振频率、速度共振频率和加速度共振频率,它们与系统固有频率 ω_0 之间的关系见表 8.4。

表 8.4　各种共振频率与固有频率之间的关系

阻　尼	振动形式频率			
	自由振动频率	位移共振频率	速度共振频率	加速度共振频率
无阻尼	ω_0	ω_0	ω_0	ω_0
有阻尼	$\omega_0 \sqrt{1 - \xi^2}$	$\omega_0 \sqrt{1 - 2\xi^2}$	ω_0	$\omega_0 \sqrt{1 + 2\xi^2}$

由表 8.4 可知,在有阻尼情况下,只有速度共振频率才是系统的无阻尼固有频率,因此在测量中,用速度幅值。

(4)阻尼比的测定

阻尼比在工程上用 ξ 表示,即

$$\xi = \frac{n}{\omega_0}$$

1)自由衰减法

利用自由衰减振动法测出系统的自由衰减振动曲线(见图 8.14),即测出振动幅值(位移、速度、加速度)随时间 t 而变化的曲线,然后在曲线上,量出相邻的振幅 A_n,A_{n+1},代入式(8.18)和式(8.19),即可求出减幅系数和对数减幅。

为了减少读数误差,常用相隔 i 个周期的两振幅之比来计算 η,则

$$\ln\left(\frac{A_1}{A_{1+i}}\right) = \ln\left(\frac{A_1}{A_2} \cdot \frac{A_2}{A_3} \cdots \frac{A_i}{A_{1+i}}\right) = \ln e^{inT_d} = inT_d = i\delta$$

从而可得 $n = \delta / T_d$,$c = 2nm$,进而得到

$$\xi = \frac{1}{2\pi i} \ln \frac{A_1}{A_{1+i}} \tag{8.23}$$

2)带宽法(0.707 法)

在简谐激励力作用下,系统发生强迫振动。在共振峰附近,改变激励频率,记录相应的振动幅值,作幅频特性曲线(见图 8.15),可求出阻尼比为

$$\xi = \frac{f_2 - f_1}{2f_0} \tag{8.24}$$

式中 f_0——共振频率,设共振时最大振幅为 A_{max};

f_1 , f_2——幅值为 $0.707 A_{max}$ 时的频率。

带宽法适用于小阻尼情况,既可用于低阶,也可用于高阶下阻尼的测定,但两个频率值需相差较大,彼此比较孤立,否则误差很大,甚至失效。

3)放大系数法

在简谐激励力 $F = F_0 \sin \omega t$ 作用下,有阻尼单自由度系统的放大系数 β 为

$$\beta = \frac{1}{\sqrt{(1 - \lambda^2)^2 + (2\xi\lambda)^2}} \tag{8.25}$$

共振时,$\lambda = 1$,由式(8.25)可知,$\beta = 1/2\xi$,即 $\xi = 1/2\beta$。

因为放大系数是指激振力作用时的振幅与静力作用时最大位移的比值,所以要测出共振时的振幅 A_{max} 和静变形 A_s,从而求出动力放大系数 β,进而求出阻尼比为

$$\beta = \frac{A_{max}}{A_s \xi}, \xi = \frac{1}{2\beta} = \frac{A_s}{2A_{max}} \tag{8.26}$$

本实验采用自由衰减法和带宽法测量阻尼比。

8.3.4 实验步骤

①用自由衰减法测量 ω_0 和 ξ,测试系统如图 8.16 所示。

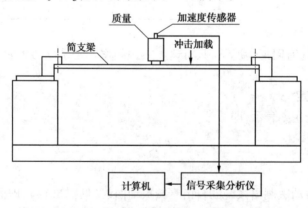

图 8.16 自由衰减振动法测试系统

a. 用榔头敲击简支梁使其产生自由衰减振动。

b. 记录单自由度自由衰减振动波形。将加速度传感器所测振动信号经采集分析仪处理后,输入计算机,用数据采集与分析系统进行分析、处理,显示出振动波形。

c. 绘出振动波形图波峰和波谷的两根包络线,然后设定 i,并读出 i 个波形所经历的时间 t,量出相距 i 个周期的两振幅 A_1 , A_{1+i},通过式(8.17)和式(8.23)计算 ω_0 和 ξ。

②用强迫振动法测量 ω_0 和 ξ,测试系统如图 8.17 所示。

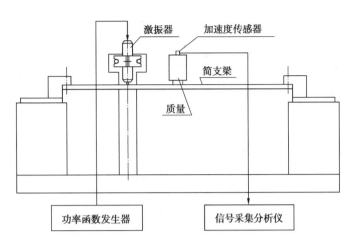

图 8.17　强迫振动法测试系统

a. 加速度传感器置于质量块上,其输出端接采集分析仪,用来测量质量块的加速度振动幅值。

b. 将功率函数发生器"功率"输出端接入电动式激振器,开启电源开关,对简支梁系统施加交变正弦激励力,使系统产生正弦振动。

c. 由低到高逐渐增加激振频率,记录各激振频率 ω 及该振动频率下相应的加速度振幅 A。

d. 将加速度振幅 A 换算成位移振幅 B。

e. 绘制幅频特性曲线图,找出固有频率 ω_0。

f. 根据带宽法,用式(8.24)计算阻尼比 ξ。

8.3.5　注意事项

①采样频率既要满足采样定理,至少高于最大信号频率的 2 倍,也不宜过高,避免采入高频噪声。

②强迫振动法测量固有频率 ω_0 和阻尼比 ξ 采用的传感器是加速度传感器。在绘制幅频特性曲线前,要注意将加速度振幅转换为位移振幅。

③带宽法测量阻尼比 ξ 需要找准半功率点,故必须保证幅频特性曲线在共振区附近的准确性。因此,以共振点为中心进行测量时,各点横坐标间隔以 1 Hz 为宜。

④使用细调旋钮调整激振频率时,由于显示有滞后,调整需有耐心。

8.3.6　思考题

①固有频率 ω_0 和阻尼比 ξ 的工程意义是什么?

②为何不采用通过识别力学模型结构参数 m, k, c 的方式来测量体系的固有频率 ω_0 和阻尼比 ξ?

③强迫振动条件下只有速度共振频率数值上与固有频率相等,为何采用加速度传感器进行测量?

8.4 主动隔振与被动隔振

【知识目标】

1. 理解主动隔振、被动隔振的概念与工程意义。
2. 掌握主动隔振系数、被动隔振系数和隔振效率的定义。
3. 掌握主动隔振与被动隔振的数学原理。

【能力目标】

1. 能根据实验目标搭建主动隔振与被动隔振试验台。
2. 学会使用功率函数发生器、多功能信号采集分析仪和动态数据采集分析软件。
3. 掌握主动隔振、被动隔振的基本测试方法。

8.4.1 实验设备

①机械振动实验台。
②YB1620P 功率函数发生器。
③YE6230T3 多功能信号采集分析仪。
④数据采集与分析系统软件。
⑤JB-01 激振器。
⑥单向加速度传感器。
⑦带偏心负载直流调速电机。
⑧隔振器。

8.4.2 实验内容

①测量、计算主动隔振系数和隔振效率。
②测量、计算被动隔振系数和隔振效率。
③绘制"被动隔振系数-激振频率"和"被动隔振效率-激振频率"关系曲线,分析隔振的物理机制。

8.4.3 实验原理

(1)主动隔振(积极隔振或动力隔振)

主动隔振又称积极隔振或动力隔振。机器本身就是振源,它通过机脚、支座把振动传递至基础或基座。主动隔振就是隔离振源,使振源的振动经过衰减后再传递出去,从而减少振源振动对周围环境和设备的影响。

隔振的效果常用隔振系数 η 和隔振效率 ε 来衡量。由于 $\eta + \varepsilon = 1$,并且隔振系数具有更明确的物理意义,因此本实验主要测量主动隔振系数。式(8.27)定义了主动隔振系数的概念,即振源隔振后传给基础的力的振幅与隔振前传给基础的力的振幅,则

$$\eta_a = \frac{F_T}{F_0} \tag{8.27}$$

式中　η_a——主动隔振系数;

　　F_T——隔振后传给基础的力的振幅;

　　F_0——隔振前传给基础的力的振幅。

工程实际中,测量主动隔振系数常用直接测量和理论计算两种方法。

1)直接测量法

直接测量法即根据定义在基础上采用传感器直接测量隔振前后的振幅值 A_1, A_2 计算主动隔振系数,则

$$\eta_a = \frac{A_2}{A_1} \tag{8.28}$$

安装了隔振器后,测量隔振前基础的振动幅值,为避免拆掉隔振器的麻烦(有的不允许再拆),可采用垫刚性物块的方法,将隔振器"脱离",然后测基础振动,这种方法带来的误差不会太大,本实验也采用这一方法。

2)理论计算法

理论计算法即建立隔振系统的物理模型,并求解描述该物理模型的控制方程获取系统响应,进而根据定义得到主动隔振系数的解析表达式,然后通过实验测量表达式的各项参数,从而间接得到主动隔振系数。

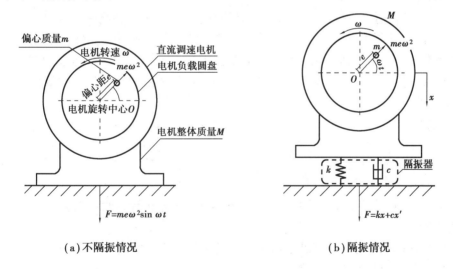

(a)不隔振情况　　　　　　　　　(b)隔振情况

图 8.18　主动隔振系统物理模型

主动隔振系统物理模型如图 8.18(b)所示。振源通过隔振器传到基础上的力包括两部分:弹簧的弹性力和阻尼器产生的阻尼力。令弹簧弹性常数为 k,阻尼器阻尼系数为 c,振动系统的动力学控制方程为

$$Mx'' + cx' + kx = me\omega^2 \sin \omega t \tag{8.29}$$

该方程的特解为

$$x = B\sin(\omega t - \varphi) \tag{8.30}$$

其中

$$B = \frac{me}{M} \frac{\lambda^2}{\sqrt{(1-\lambda^2)^2 + (2\xi\lambda)^2}}$$

$$\varphi = \arctan \frac{2\xi\lambda}{1-\lambda^2}$$

$$\lambda = \frac{\omega}{\omega_0}$$

式中　ω——激振频率,即电机转动频率;

　　　ω_0——隔振系统的固有频率;

　　　ξ——隔振系统的阻尼比。

根据式(8.28)主动隔振系数 η_a 的定义,则

$$\eta_a = \frac{F_T}{F_0} = \frac{|kx + cx'|}{me\omega^2} = \frac{\sqrt{1+(2\xi\lambda)^2}}{\sqrt{(1-\lambda^2)^2 + (2\xi\lambda)^2}} \tag{8.31}$$

由式(8.30)和式(8.31)可知,通过实验获取主动隔振系统的固有频率 ω_0、阻尼比 ξ 和激振频率 ω,即可计算主动隔振系数。本实验采用操作更方便的自由衰减法测量隔振系统的固有频率 ω_0 和阻尼比 ξ,电机转动频率 ω 由传感器直接测出。

主动隔振效率为

$$\varepsilon_a = (1 - \eta_a) \times 100\% \tag{8.32}$$

(2)被动隔振(保护隔振)

被动隔振又称保护隔振,也是消除与减少振动危害的重要途径之一。其目的在于隔离或减少振动的传递,抑制外界振动对系统的影响。与主动隔振类似,被动隔振的隔振效果同样用被动隔振系数 η_p 和被动隔振效率 ε_p 来定量描述,即 $\eta_p + \varepsilon_p = 1$。本实验主要测量具有更明确物理意义的被动隔振系数。被动隔振系数定义为设备隔振后位移振幅与振源位移振幅的比值,其表达式为

$$\eta_p = \frac{U_2}{U_1} \tag{8.33}$$

式中　U_1——振源的位移振幅;

　　　U_2——设备隔振后的位移振幅。

工程实际中,测量被动隔振系数同样采用直接测量和理论计算两种方法。

1)直接测量法

直接测量法即根据定义分别测定隔振后测量对象的位移振幅 U_2 和振源位移振幅 U_1,然后利用式(8.33)计算被动隔振系数 η_p。

2)理论计算法

与主动隔振类似,同样建立被动隔振系统的物理模型,并求解描述该物理模型控制方程的位移响应 x,进而根据定义得到被动隔振系数的解析表达式,然后通过实验测量表达式的各项参数,从而间接得到被动隔振系数。

被动隔振系统物理模型如图8.19(b)所示。基础位移按 $x_1 = a \sin \omega t$ 的规律变化,以质量为 m 的小凸台为研究对象,建立其动力学控制方程为

$$mx'' + cx' + kx = kx_1 + cx_1 \tag{8.34}$$

该方程的特解为

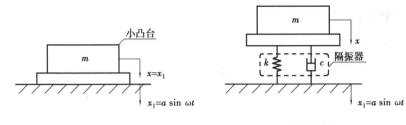

(a) 不隔振情况   (b) 隔振情况

图 8.19 被动隔振系统物理模型

$$x = B \sin(\omega t - \varphi) \qquad (8.35)$$

其中

$$B = a \cdot \frac{\sqrt{1 + (2\xi\lambda)^2}}{\sqrt{(1 - \lambda^2)^2 + (2\xi\lambda)^2}}$$

$$\varphi = \arctan \frac{2\xi\lambda}{1 - \lambda^2 + (2\xi\lambda)^2}$$

$$\lambda = \frac{\omega}{\omega_0}$$

根据式 (8.33) 被动隔振系数 η_p 的定义,则

$$\eta_p = \frac{U_2}{U_1} = \frac{B}{a} = \frac{\sqrt{1 + (2\xi\lambda)^2}}{\sqrt{(1 - \lambda^2)^2 + (2\xi\lambda)^2}} \qquad (8.36)$$

与主动隔振类似,可采用自由衰减法获取隔振系统的固有频率 ω_0 和阻尼比 ξ,同时利用传感器直接测量出激振频率 ω,即可计算被动隔振系数 η_p。

被动隔振效率为

$$\varepsilon_p = (1 - \eta_a) \times 100\% \qquad (8.37)$$

(3) 关于隔振效果的讨论

由式 (8.30) 和式 (8.35) 可知,由于采用谐波激励,尽管主动隔振系数和被动隔振系数的定义不同,但具有相同的数学表达式。该式揭示了隔振的物理机制:当 $0 < \lambda < \sqrt{2}$ 时,则隔振系数 $\eta > 1$,隔振器没有隔振效果;只有当 $\lambda > \sqrt{2}$ 时,隔振系数 $\eta < 1$,隔振器才产生作用;当 $\lambda \approx 1$,即 $\omega_0 \approx \omega$ 时,发生共振。$\lambda = 0.8 \sim 1.2$ 为共振区,若要消除共振必须增加或减小 5% 的频率,故无论阻尼大小,只有当 $\lambda > \sqrt{2}$ 时,隔振器才产生作用,隔振系数的值才小于 1。因此,要达到隔振目的,系统的固有频率 ω_0 的选择必须满足 $\omega/\omega_0 > \sqrt{2}$。当 $\omega/\omega_0 > \sqrt{2}$ 时,随着 λ 的不断增大,η 减小,即隔振效果越来越好。但 ω/ω_0 也不宜过大,因为 ω/ω_0 增大,意味着降低体系固有频率 ω_0,$\omega_0 = \sqrt{k/m}$,在轻量化设计的前提下,降低 ω_0 意味着隔振装置要设计得很柔软,静挠度很大,相应体积要做得很大,并且安装的稳定性也差,容易摇晃。另外,$\omega/\omega_0 > 5$ 后,η 变化并不明显,这表明即使弹性支承设计得更软,也不能明显提升隔振效果。故实际中一般取 λ 在 $3 \sim 5$ 即可,相应的主动隔振效率 ε 可为 80% $\sim$ 90%。

8.4.4 实验步骤

(1)主动隔振

①搭建主动隔振测试系统如图8.20所示。

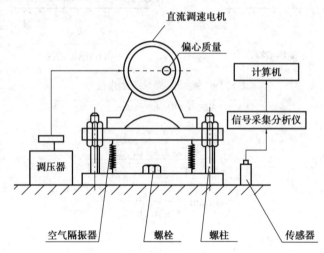

图8.20 主动隔振测试系统

②将加速度传感器置于电机上,松开隔振器上平台的4颗螺母,采用自由衰减法测量主动隔振系统的固有频率 ω_0 和阻尼比 ξ,然后开动调速电机,调到一定转速,测出激振频率 ω。

③根据式(8.30)和式(8.31)计算主动隔振系数 η_a 和主动隔振效率 ε_a。

④将加速度传感器置于基础上,锁紧隔振器上平台的螺母,使隔振器不产生作用,测量出隔振前振幅值 A_1,然后松开隔振器上平台的螺母,使隔振器产生作用,测量出隔振后基础的振幅值 A_2。

⑤根据式(8.27)和式(8.31)计算主动隔振系数 η_a 和主动隔振效率 ε_a。

(2)被动隔振

①搭建被动隔振测试系统,如图8.21所示。

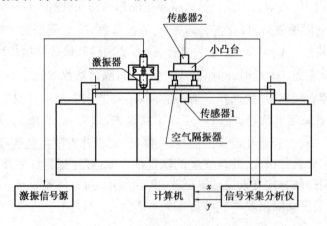

图8.21 被动隔振测试系统

②将传感器1,2分别置于简支梁和质量块上,用来测量简支梁振幅 A_1 和小凸台质量块振

幅 A_2 ,注意要把两个传感器置于同一横截面内,并将传感器 1,2 的输出分别接入采集分析仪的 1,2 通道。

③激振信号源输出正弦信号驱动激振器,对简支梁和质量块激振。将激振频率 ω 由低向高调节,分别测出简支梁振幅 A_1 和小凸台质量块的振幅 A_2 ,记录数据,一旦出现 $A_2 = A_1$,表明 $\omega/\omega_0 = \sqrt{2}$ 。这时,激振频率 ω 就是隔振器能起到隔振作用的临界频率。此时,可求出 $\omega_0 = \omega/\sqrt{2}$ 。

④按式(8.32)和式(8.36)计算不同激振频率 ω 下的被动隔振系数 η_p 和被动隔振效率 ε_p ,并绘制" η_p - ω "关系曲线图和" ε_p - ω "关系曲线图。

8.4.5　注意事项

①采样频率既要满足采样定理,至少高于最大信号频率的 2 倍,也不宜过高,避免采入高频噪声。

②信号源的输出电流不能太大,最大输入电流为 500 mA,一般取 200 ~ 300 mA。

③由于分别使用两个传感器测量隔振后小凸台和振源振幅,因此,测量前需对两个传感器进行标定,确保其具有相同的放大增益。

④使用细调旋钮调整激振频率时,因显示有滞后,故调整需有耐心。

8.4.6　思考题

①主动隔振与被动隔振的工程意义是什么?
②主动隔振系数与被动隔振系数比较的物理对象不同,为何最终的数学表达式是一样的?

8.5　等强度悬臂梁动态应力电测实验

【知识目标】

1. 了解动态应力的概念和种类。
2. 分析悬臂梁所受动应力的状况,理解悬臂梁形式等强度梁的设计。
3. 测量冲击载荷作用下悬臂梁动态应力的大小。

【能力目标】

1. 掌握以电测法为基础的动态应变测试方法。
2. 掌握 BZ6104 多功能信号采集分析仪动态电阻应变仪部分的使用方法。
3. 能分析实验过程中干扰信号的来源,并采取合适措施降低干扰。

8.5.1　实验设备

①等强度悬臂梁实验台。
②BZ6104 多功能信号采集分析仪。
③BZ7201LAND_USB 数据采集与分析系统软件。

8.5.2　实验内容

测量悬臂梁在冲击载荷作用下自由衰减过程中指定测点处的动态应变时程曲线。

8.5.3　实验原理

(1)循环应力的概念

悬臂梁在承受冲击载荷后的振动过程若不计振幅的衰减,则测点处承受的应力类似于循环应力。循环应力是指随时间呈周期性变化的应力,变化波形通常是正弦波。应力的循环特征可用以下参数表示:

1)应力幅 σ_a 和应力范围 $\Delta\sigma$

$$\sigma_a = \frac{\Delta\sigma}{2} = \frac{\sigma_{max} - \sigma_{min}}{2}$$

式中　$\sigma_{max}, \sigma_{min}$——循环应力的最大值和最小值。

2)平均应力 σ_m 和循环特性 r

$$\sigma_m = \frac{\sigma_{max} + \sigma_{min}}{2}$$

$$r = \frac{\sigma_{min}}{\sigma_{max}}$$

按照平均应力 σ_m 和循环特性 r 的相对大小,将循环应力分为以下4种典型情况:

①交变对称循环

$\sigma_m = 0, r = -1$。大多数轴类零件通常受到交变对称循环应力的作用,这种应力可能是弯曲应力、扭转应力或者是两者的复合。

②交变不对称循环

$0 < \sigma_m < \sigma_a, -1 < r < 0$。结构中某些支承件受到这种循环应力(大拉小压)的作用。

③脉动循环

$\sigma_m = \sigma_a, r = 0$。齿轮的齿根和某些压力容器受到这种脉动循环应力的作用。

④波动循环

$\sigma_m > \sigma_a, 0 < r < 1$。飞机机翼下翼面、钢梁的下翼缘以及预紧螺栓等均承受这种循环应力的作用。

(2)等强度悬臂梁

工作中各横截面上的最大正应力 σ_{max} 都等于许用应力 $[\sigma]$ 的梁,称为等强度梁。由于一般情况下梁的各横截面承受的弯矩是不同的,因此,等强度梁一般是变截面梁。其截面变化规律为

$$W(x) = \frac{M(x)}{[\sigma]} \tag{8.38}$$

式中　$W(x)$——距梁端 x 处截面的抗弯截面模量;

　　　$M(x)$——距梁端 x 处截面的最大弯矩;

　　　$[\sigma]$——材料许用应力。

梁的内力分布与其约束形式紧密相关,研究如图 8.22 所示的矩形截面悬臂梁,右端为自

由端,作用有集中力 P,假定该力使梁各横截面最大应力达到了许用应力值 $[\sigma]$。考察距离自由端 x 处的截面 m—m,以右边隔离体为研究对象,由截面力矩平衡易得该截面承受弯矩 $M = Px$。由材料力学知识可知

$$[\sigma] = \frac{M(x)}{W(x)} = \frac{6Px}{b(x)h^2(x)} \tag{8.39}$$

欲使等强度悬臂梁具有最简单的形状,可令其厚度 h 为常数,仅改变其宽度,则

$$b(x) = \frac{M(x)}{W(x)} = \frac{6P}{h^2[\sigma]} \cdot x \tag{8.40}$$

可知,等强度矩形截面悬臂梁的宽度 b 是沿其轴线,朝固定端方向线性增加的。若不改变宽度 b 而改变厚度 h,等强度悬臂梁将具有更复杂的形状,不利于加工。

(3)动态应变的测试方法

由于无法直接使用仪器测量应力,因此,线弹性范围内应力的测量是通过电测法测量应变,并结合胡克定律来测定的。如图 8.23 所示为电测法测量等强度悬臂梁表面轴向线应变的应变片布片示意图。测量动态应变的具体方法如下:

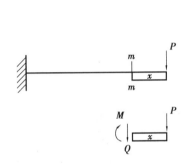

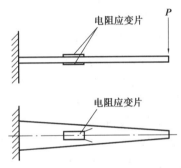

图 8.22 悬臂梁横截面内力分析　　图 8.23 等强度悬臂梁布片示意图

1)利用电桥盒接线

接线方法有 1/4 桥、半桥和全桥接线。

2)信号标定

所谓信号标定,就是建立所测物理量(应变)与电阻应变仪输出电压之间的对应关系,即所测电压表示的物理量的值为多少,如 1 V 对应的应变为 5.0×10^{-3}。信号标定可分为以下两步:

①校准调零

当被测量输入为零时,仪器的输出也应为零。如果不为零,则应进行零点校正,使在被测量输入为零时,仪器的输出也为零。

②比例调整

当输入信号较大或较小时,可利用"增益调节"和"灵敏度微调"旋钮进行调整。输入一定的被测量后,仪器输出一个预期的电压。如当输入应变为 2.0×10^{-3} 时,通过"增益调节"和"灵敏度微调"旋钮使输出电压为 4 V。

③电桥平衡

由于电桥电阻和应变片的电阻值不可能完全一致,故在未加载时电桥盒就会有一定的电压输出。因此,必须首先按"平衡按钮"使电桥平衡,如果电桥还是不平衡,则继续调整"微调

旋钮"使仪器输出为"零"。

④采集数据

由于已建立了线应变与应变仪输出电压之间的关系,即确定了标定系数,因此,当测得动态应变的电压后,就可得到动态应变的值,即

$$所测物理量 = 所测电压 \times 标定系数$$

8.5.4 实验步骤

①安装驱动程序及应用程序。

②根据信号采集分析仪的使用说明书,将应变片按照"1/4 桥"方式接入电桥盒。具体操作方法请参阅多功能信号采集分析仪使用说明书动态应变测量部分。

③设置"转折频率"(即采样频率)为 2 000 Hz。具体操作方法请参阅多功能信号采集分析仪使用说明书动态应变测量部分。

④建立标定系数文件:

单击"建立标定系数文件"模块。

a. 设置量纲为"$\mu\varepsilon$"。

b. 设置标定系数为"500"。

c. 标定系数文件保存格式为"*.cal"。

⑤利用"高速数据采集"模块进行数据采集。

a. 设置采样频率和采样时间。

b. 设置采集开始通道和结束通道均为接线通道(1 通道或 2 通道)。

c. 单击"采集文件(存)"按钮,设置采集数据的保存路径(*.AD)。

d. 用榔头轻轻敲击等强度梁的末端,采集动态应变信号。

e. 选择前面创建的标定文件,单击"开始转换数据文件"按钮,把采集到的电压信号转换为应变信号;

⑥单击"绘采集曲线图"按钮绘制曲线。

a. 单击"曲线"按钮,输入转换后所得物理量的时域数据(*.TIM)。

b. 单击"显示图形"按钮,显示动态应变曲线。

8.5.5 注意事项

①必须仔细阅读 BZ6104 多功能信号采集分析仪使用说明书(动态电阻应变仪使用方法部分)方可进行实验。

②实验前,应检查应变片及接线,不得有松动、断路或短路。

③用橡皮锤敲击悬臂梁时,不能用力过大,但也要有足够大的变形,确保应变信号具有较好的信噪比。

④数据采集前,先单击"平衡"按钮,使电桥盒的输出不平衡得到补偿。应变标定后,应变仪所有旋钮勿再扳动。

⑤电桥盒与仪器连接时,必须先关闭信号采集分析仪电源开关。

8.5.6　思考题

①动态应力测量过程中的干扰来源是什么？可采取哪些措施抑制干扰？
②采用在上下表面对称布片的方式测量等强度悬臂梁的动态应力有何好处？

8.6　动静态螺栓综合性能测试

【知识目标】

1. 了解预紧螺栓联接的变形规律。
2. 了解螺栓联接相对刚度对螺栓动应力幅值变化的影响。
3. 了解提高螺栓联接强度的各项措施。

【技能目标】

1. 掌握测量螺栓在轴向拉伸状态下的应力应变曲线的方法。
2. 掌握测量螺栓在受剪切力状态下的应力应变曲线的方法。
3. 掌握测量螺栓组在倾覆载荷作用下螺栓组受力形变状态的方法。

8.6.1　实验设备

HH-LS-1 型动静态螺栓综合性能实验台。

8.6.2　实验内容

①计算螺栓相对刚度,并绘制螺栓联接的受力变形图。
②验证受轴向工作载荷时,预紧螺栓联接的变形规律以及对螺栓总拉力的影响。
③通过螺栓的动载试验,改变螺栓联接的相对刚度,观察螺栓动应力幅值的变化,以验证提高螺栓联接强度的各项措施。

8.6.3　实验原理

(1)实验台结构组成及基本原理

本试验台机械部分主要由液压泵站、液压缸、试验装置及弹簧组成。泵站为整个系统提供动力输入,同时控制液压缸按照预定方式运动实现对系统的载荷加载(可提供静态载荷和动态载荷);弹簧则将液压缸的位移转化为相应输出的力施加在加载机构上。液压缸下行对弹簧进行压缩,通过弹簧压缩使载荷线性增加至最大值;在动载荷试验当中,通过液压缸可控的上下高频运动,以实现弹簧的高频伸缩,进而实现载荷的交变。其结构组成如图 8.24 所示。

(2)测试系统原理

测试系统安装于测控箱内,具有数据采集、处理及信息传输功能,测试及处理的数据传输至计算机进行数据计算机实验结果显示。测试系统原理如图 8.25 所示。

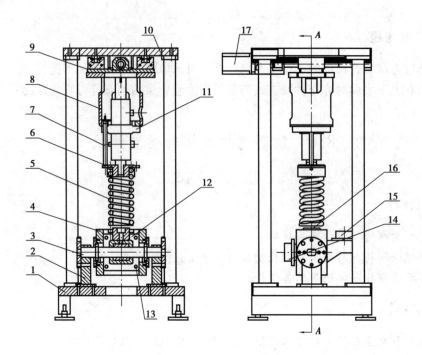

图 8.24　实验台结构原理

1—底板;2—支柱;3—旋转轴;4—实验旋转件;5—加载弹簧;

6—弹簧约束件;7—位移测量装置;8—液压缸安装装置;9—加载缸移动模块;10—顶板;

11—液压加载缸;12—实验加载件;13—实验螺栓安装孔;14—螺栓拉伸实验加载位;

15—螺栓倾覆实验加载位;16—螺栓剪切实验加载位;17—加载液压缸移动驱动电机

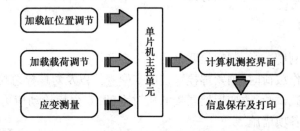

图 8.25　测控系统原理

实验台配数据采集箱一只,承担数据采集、数据处理、信息记忆、自动显示等功能。实时显示动态、静态载荷数值及应变变化趋势。通过协议接口外接 PC 机,显示并打印输出带传动的应变曲线及相关数据。

(3)测试软件操作界面及说明

组合传动测试软件操作界面如图 8.26 所示。

操作说明:

①选择试验类型(如组合传动、蜗轮蜗杆传动和锥齿轮传动)。

②根据实验方案,选择载荷类型,输入载荷参数,单击"保存数据"按钮。

③确认设备状态正常,软件界面数据输入完成后,单击"开始采集"按钮。

④完成实验要求的数据采集后,单击"结束采集"按钮,同时生成应变曲线,并显示曲线变换趋势。

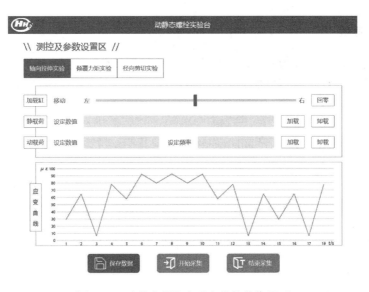

图 8.26 动静态螺栓实验台软件操作界面

⑤保存数据及相应曲线,并根据需求打印曲线。

8.6.4 实验步骤

(1)静载荷加载试验

①将相应弹簧平稳放置对应卡槽内,并按下电源开关。

②根据对应加载试验,将弹簧平稳放置在对应试验卡槽内,并按动加载位置移动按钮,直到液压缸下端卡槽盖与弹簧对正。

③按下启动按钮后,旋转静载荷加载旋钮到一固定位置,使缓慢液压缸持续加载至极限。

④观察图像数据并记录。

⑤反向旋转加载旋钮至一固定位置,使液压缸缓慢卸载。

⑥记录并保存数据,打印曲线。

⑦关闭电源。

(2)动载加载试验

①将相应弹簧平稳放置对应的卡槽内,并按下电源开关。

②根据对应加载试验,将弹簧平稳放置在对应试验卡槽内,并按动加载位置移动按钮,直到液压缸下端卡槽盖与弹簧对正。

③计算机端点击初始位置加载,待加载完毕后,单击动载荷"加载"按钮。

④观察数据并记录。

⑤实验完毕后,点击暂停,并缓慢卸掉载荷。

⑥记录并保存数据,打印曲线。

⑦关闭电源。

8.6.5 注意事项

①若显示数据失常,可重启一次电源即可。

②启动电机之前,应关闭负载。

8.6.6 思考题

①螺栓组联接理论计算与实测的工作载荷之间存在误差的原因有哪些?

②实验台上的螺栓组联接可能的失效形式有哪些?

参考文献

［1］汤赫男,孟宪松. 机械原理与机械设计综合实验教程［M］. 北京:电子工业出版社,2019.

［2］奚鹰. 机械基础实验教程［M］. 2 版. 武汉:武汉理工大学出版社,2018.

［3］傅燕鸣. 机械原理与机械设计课程实验指导［M］. 2 版. 上海:上海科技出版社,2017.

［4］刘银水,许福玲. 液压与气压传动［M］. 4 版. 北京:机械工业出版社,2017.

［5］郭盛. 机械工程综合实践教程［M］. 北京:科学出版社,2016.

［6］翟之平,刘长增. 机械原理与机械设计实验［M］. 北京:机械工业出版社,2016.

［7］左健民. 液压与气压传动［M］. 5 版. 北京:机械工业出版社,2016.

［8］曲凌. 慧鱼创意机器人设计与实践教程［M］. 2 版. 上海:上海交通大学出版社,2015.

［9］王继伟. 机械类专业课实验教材［M］. 北京:国防工业出版社,2012.

［10］竺志超. 机械设计基础实验教程［M］. 北京:科学出版社,2012.

［11］王淑坤,许颖. 机械设计制造及其自动化专业实验［M］. 北京:北京理工大学出版社,2012.

［12］陈秀宁. 现代机械工程基础实验教程［M］. 2 版. 北京:高等教育出版社,2009.

［13］奚鹰. 机械基础实验教程［M］. 武汉:武汉理工大学出版社,2005.

［14］王世刚,胡宏佳. 机械原理与设计实验［M］. 哈尔滨:哈尔滨工程大学出版社,2004.

［15］赵玫,周海亭,陈光治,等. 机械振动与噪声学［M］. 北京:科学出版社,2004.

［16］陈花玲. 机械工程测试技术［M］. 3 版. 北京:机械工业出版社,2018.

［17］申永胜. 机械原理教程［M］. 3 版. 北京:清华大学出版社,2010.

［18］孙恒. 机械原理［M］. 8 版. 北京:高等教育出版社,2013.

［19］龙振宇. 机械设计［M］. 北京:机械工业出版社,2002.

［20］孟兆生. 机械工程基础实验［M］. 北京:高等教育出版社,2001.

［21］王茂元. 机械制造技术［M］. 北京:机械工业出版社,2002.

［22］吴国华. 金属切削机床［M］. 2 版. 北京:机械工业出版社,2006.

［23］黄纯颖. 机械创新设计［M］. 北京:高等教育出版社,2000.

［24］廖念钊,古莹菴,莫雨松,等. 互换性与技术测量［M］. 6 版. 北京:中国质检出版社,2012.

［25］张光函,田淑君. 流体传动与控制［M］. 成都:成都科技大学出版社,1999.

［26］张春林,曲继方,张美麟,等. 机械创新设计［M］. 北京:机械工业出版社,1999.

［27］谭尹耕. 液压实验设备与测试技术［M］. 北京:北京理工大学出版社,1997.

［28］薛祖德. 液压传动［M］. 北京:中央广播电视大学出版社,1995.

［29］沈世德.实用机构学［M］.北京:中国纺织出版社,1997.

［30］王玉新.机构创新设计方法学［M］.天津:天津大学出版社,1996.

［31］吕庸厚.组合机构设计［M］.上海:上海科学技术出版社,1996.

［32］王大康,卢颂峰.机械设计实验［M］.北京:国防工业出版社,1993.

［33］韩步愈.金属切削原理与刀具［M］.北京:机械工业出版社,1989.

［34］重庆大学公差、刀具教研室.互换性与技术测量实验指导书［M］.北京:中国计量出版社,1986.